主讲嘉宾

丁洪

中国科学院物理研究所研究员
北京凝聚态物理研究中心首席科学家
未来科学大奖科学委员会委员

潘建伟

中国科学技术大学常务副校长
中科院量子信息与量子科技创新研究
中国科学院院士
2017年未来科学大奖物质科学奖获

施尧耘

阿里云首席量子技术科学家
之江实验室副主任

薛其坤

清华大学副校长
中国科学院院士
2016年未来科学大奖物质科学奖获奖者

对话嘉宾

陈宇翱

中国科学技术大学合肥微尺度物质科学
国家实验室教授

贾金锋

上海交通大学教授

陆朝阳

中国科学技术大学教授

孟亮

上达资本创始管理合伙人
未来论坛理事

王浩华

浙江大学物理学系教授

谢心澄

中国科学院院士
北京大学讲席教授

张富春

浙江大学物理学系教授

理解未来系列

神奇的量子世界

科学出版社

北京

图书在版编目(CIP)数据

神奇的量子世界/未来论坛编. —北京: 科学出版社, 2018.8
（理解未来系列）
ISBN 978-7-03-058142-6

Ⅰ.①神…
Ⅱ.①未…
Ⅲ.①量子论-普及读物
Ⅳ.①O413-49

中国版本图书馆 CIP 数据核字（2018）第 135113 号

丛　书　名：理解未来系列
书　　　名：神奇的量子世界
编　　　者：未来论坛
责 任 编 辑：刘凤娟　孔晓慧
责 任 校 对：杨然
责 任 印 制：徐晓晨
封 面 设 计：南海波
出 版 发 行：科学出版社
地　　　址：北京市东黄城根北街 16 号
网　　　址：www.sciencep.com
电 子 信 箱：LiuFengjuan@mail.sciencep.com
电　　　话：010-64033515
印　　　刷：北京虎彩文化传播有限公司
版　　　次：2018 年 8 月第一版　　印　　次：2019 年 3 月第二次印刷
开　　　本：720×1000　　1/16　　印　　张：9 3/4
插　　　页：2 页　　　　　　　　字　　数：115 000
定　　　价：49.00 元

序一 >>>

饶　毅

北京大学讲席教授、北京大学理学部主任、未来科学大奖科学委员会委员

我们时常畅想未来，心之所向其实是对未知世界的美好期待。这种心愿几乎人人都有，大家渴望着改变的发生。然而，未来究竟会往何处去？或者说，人类行为正在塑造一个怎样的未来？这却是非常难以回答的问题。

在未来论坛诞生一周年之际，我们仍需面对这样一个多少有些令人不安的问题：未来是可以理解的吗？

过去一年，创新已被我们接受为这个时代最为迫切而正确的发展驱动力，甚至成为这个社会最为时髦的词汇。人们相信，通过各种层面的创新，我们必将抵达心中所畅想的那个美好未来。

那么问题又来了，创新究竟是什么？

尽管创新的本质和边界仍有待进一步厘清，但可以确定的一点是，眼下以及可见的未来，也许没有什么力量，能如科学和技术日新月异的飞速发展这般深刻地影响着人类世界的未来。

可是，如果你具有理性而审慎的科学精神，一定会感到未来难以预计。也正因如此，这给充满好奇心的科学家、满怀冒险精神的创业家带来了前所未有的机遇和挑战。

过去一年，我们的"理解未来"系列讲座，邀请到全世界极富洞察力和前瞻性的科学家、企业家，敢于公开、大胆与公众分享他们对未来的认知、理解和思考。毫无疑问，这是一件极为需要勇气、智慧和情怀的事情。

2015 年，"理解未来"论坛成功举办了 12 期，话题涉及人工智能、大数据、物联网、精准医疗、DNA 信息、宇宙学等多个领域。来自这些领域的顶尖学者，与我们分享了现代科技的最新研究成果和趋势，实现了产、学、研的深入交流与互动。

特别值得强调的是，我们在喧嚣的创新舆论场中，听到了做出原创性发现的科学家独到而清醒的判断。他们带来的知识之光，甚至智慧之光，兑现了我们设立"理解未来"论坛的初衷和愿望。

我们相信，过去一年，"理解未来"论坛所谈及的有趣而有益的前沿科技将给人类带来颠覆性的变化，从而引发更多人对未来的思考。

面向"理解未来"论坛自身的未来，我希望它不仅仅是一个围绕创新进行跨界交流、碰撞出思想火花的平台，更应该是一个探讨颠覆与创新之逻辑的平台。

换言之，我们想要在基础逻辑的普适认知下，获得对未来的方向感，孵化出有价值的新思想，从而真正能够解读未来、理解未来。若要做到这一点，便需要我们勇敢地提出全新的问题。我相信，真正的创新皆源于此。

让我们共同面对挑战、突破自我、迎接有趣的未来。

2015 年

序二 >>>

人类奇迹来自于科学

丁　洪

中国科学院物理研究所研究员、北京凝聚态物理研究中心首席科学家、
未来科学大奖科学委员会委员

今年春季，我问一位学生："你为什么要报考我的博士生？"他回答："在未来论坛上看了您有关外尔费米子的讲座视频，让我产生了浓厚的兴趣。"这让我第一次切身感受到"理解未来"系列科普讲座的影响力。之后我好奇地查询了"理解未来"讲座的数据，得知2015年12期讲座的视频已被播放超过一千万次！这个惊人的数字让我深切体会到了"理解未来"讲座的受欢迎程度和广泛影响力。

"理解未来"是未来论坛每月举办的免费大型科普讲座，它邀请知名科学家用通俗的语言解读最激动人心的科学进展，旨在传播科学知识，提高大众对科学的认知。讲座每次都能吸引众多各界人士来现场聆听，并由专业摄影团队制作成高品质的视频，让更多的观众能随时随地地观看。

也许有人会好奇：一群企业家和科学家为什么要跨界联合，一起成立"未来论坛"？为什么未来论坛要大投入地举办科普讲座？

这是因为科学是人类发展进步的源泉。我们可以想象这样一个场

景：宇宙中有亿万万个银河系这样的星系，银河系又有亿万万个太阳这样的恒星，相比之下，生活在太阳系中一颗行星上的叫"人类"的生命体就显得多么微不足道。但转念一想，人类却在短短的四百多年中，就从几乎一无所知，到比较清晰地掌握了从几百亿光年（约 10^{26} 米）的宇宙到 10^{-18} 米的夸克这样跨 44 个数量级尺度上（"1"后面带 44 个"0"，即亿亿亿亿亿万！）的基本知识，你又不得不佩服人类的伟大！这个伟大来源于人类发现了"科学"，这就是科学的力量！

这就是我们为什么要成立未来论坛，举办科普讲座，颁发未来科学大奖！我们希望以一种新的方式传播科学知识，培育科学精神。让大众了解科学、尊重科学和崇尚科学。我们希望年轻一代真正意识到"Science is fun，science is cool，science is essential"。

这在当前中国尤为重要。中国几千年的封建社会，对科学不重视、不尊重、不认同，导致近代中国的衰败和落后。直到"五四"时期"赛先生"的呼唤，现代科学才步入中华大地，但其后一百年"赛先生"仍在这片土地上步履艰难。这种迟缓也直接导致当日本有 22 人获得诺贝尔自然科学奖时，中国才迎来首个诺贝尔自然科学奖的难堪局面。

当下的中国，从普通大众到部分科学政策制定者，对"科学"的内涵和精髓理解不够。这才会导致"引力波哥"的笑话和"转基因"争论中的种种谬论，才会产生"纳米""量子"和"石墨烯"的概念四处滥用。人类社会已经经历了三次产业革命，目前正处于新的产业革命爆发前夜，科学的发展与国家的兴旺息息相关。科学强才能国家强。只有当社会主流和普通大众真正尊重科学和崇尚科学，科学才可能实实在在地发展起来，中华民族才能真正崛起。

这是我们办好科普讲座的最大动力！

现场聆听讲座会感同身受，在网上看精工细作的视频可以不错过任何细节。但为什么还要将这些讲座内容写成文字放在纸上？我今年去现场听过三场报告，但再读一遍整理出的文章，我又有了新收获、新认识。文字的魅力在于它不像语音瞬间即逝，它静静地躺在书中，可以让人慢慢地欣赏和琢磨。重读陈雁北教授的《解密引力波——时空震颤的涟漪》，反复体会"两个距离地球 13 亿光年的黑洞，其信号传播到了地球，信号引发的位移是 10^{-18} 米，信号长度只有 0.2 秒。作为引力波的研究者，我自己看到这个信号时也感觉到非常不可思议"这句话背后的伟大奇迹。又如读到今年未来科学大奖获得者薛其坤教授的"战国辞赋家宋玉的一句话：'增之一分则太长，减之一分则太短，著粉则太白，施朱则太赤。'量子世界多一个原子嫌多，少一个原子嫌少"，我对他的实验技术能达到原子级精准度而叹为观止。

记得小时候"十万个为什么"丛书非常受欢迎，我也喜欢读，它当时激发了我对科学的兴趣。现在读"理解未来系列"，感觉它是更高层面上的"十万个为什么"，肩负着传播科学、兴国强民的历史重任。想象 20 年后，20 本"理解未来系列"排在你的书架里，它们又何尝不是科学在中国 20 年兴旺发展的见证？

这套"理解未来系列"值得细读，值得收藏。

2016 年

序三 >>>

王晓东

北京生命科学研究所所长、美国国家科学院院士、中国科学院外籍院士、
未来科学大奖科学委员会委员

2016 年 9 月，未来科学人奖首次颁出，我有幸身临现场，内心非常激动。看到在座的各界人士，为获奖者的科学成就给我们带来的科技变革而欢呼，彰显了认识科学、尊重科学正在成为我们共同追求的目标。我们整个民族追寻科学的激情，是东方睡狮觉醒的标志。

回望历史，从改革开放初期开始，很多中国学生的梦想都是成为一名科学家，每一个人都有一个科学梦，我在少年时期也和同龄人一样，对科学充满了好奇和探索的冲动，并且我有幸一直坚守在科研工作的第一线。我的经历并非一个人的战斗。幸运的是，未来科学大奖把依然有科学梦想的捐赠人和科学工作者连在一起了，来共同实现我们了解自然、造福人类的科学梦想。

但近二十年来，物质主义、实用主义在中国甚嚣尘上，不经意间，科学似乎陷入了尴尬的境遇——人们不再有兴趣去关注它，科学家也不再被世人推崇。这种现象存在于有着几千年文明史的有深厚崇尚学术文化传统的大国，既荒谬又让人痛心。很多有识之士也有同样的忧虑。我们中华民族秀立于世界的核心竞争力到底是什么？我们伟大复兴的支点又是什么？

文明的基础，政治、艺术、科学等都不可或缺，但科学是目前推

动社会进步最直接、最有力的一种。当今世界不断以前所未有的速度和繁复的形式前行，科学却像是一条通道，理解现实由此而来，而未来就是彼岸。我们人类面临的问题，很多需要科学发展来救赎。2015年未来论坛的创立让我们看到了在中国重振科学精神的契机，随后的"理解未来"系列讲座的持续举办也让我们确信这种传播科学的方式有效且有趣。如果把未来科学大奖的设立看作是一座里程碑，"理解未来"讲座就是那坚定平实、润物无声的道路，正如未来论坛的秘书长武红所预言，起初看是涓涓细流，但终将汇聚成大江大河。从北京到上海，"理解未来"讲座看来颇具燎原之势。

科学界播下的火种，产业界已经把它们变成了火把，当今各种各样的科技创新应用层出不穷，无不与对科学和未来的理解有关。在今年若干期的讲座中，参与的科学家们分享了太多的真知灼见：人工智能的颠覆，生命科学的变革，计算机时代的演化，资本对科技的独到选择，令人炫目的新视野在面前缓缓铺陈。而实际上不管是哪个国家，有多久的历史，都需要注入源源不断的动力，这个动力我想就是科学。希望阅读这本书对各位读者而言，是一场收获满满的旅程，见微知著，在书中，读者可以看到未来的模样，也可以看到未来的自己。

感谢每一次认真聆听讲座的听众，几十期的讲座办下来，我们看到，科学精神未曾势微，它根植于现代文明的肌理中，人们对它的向往从来不曾更改，需要的只是唤醒和扬弃。探索、参与科学也不只是少数人的事业，更不仅限于科学家群体。

感谢支持未来论坛的所有科学家和理事们，你们身处不同的领域，却同样以科学为机缘融入到了这个平台中，并且做出了卓越的贡献，让我认识到，伟大的时代永远需要富有洞见且能砥砺前行的人。

2017 年

目　　录 》》

第一篇

探索的动机
——2017 未来科学大奖颁奖典礼暨未来论坛年会
主题演讲

　　所有的科学内容，某种意义上来讲，都是跟探索的动机这个话题相连的。我们从哪里来？我们要到哪里去？在科学发展到一定程度之前，回答这个问题的可能性其实是来自于宗教。《圣经》说上帝创造了宇宙，创造了万物和人类。我们都由上帝来管着，心理上感觉比较幸福。但是，宗教解决不了很多疑问，随着社会发展，我们迎来了第一次科学革命。后来，经典物理学又会给我们带来困惑，我们迎来了第二次科学革命，其中一个主要内容——量子力学。现在我们处于以信息科技为代表的第三次产业变革，很大程度上来讲，都是和量子力学联系在一起的，我们还在继续行进，探索宇宙的奥秘。

潘建伟　中国科学技术大学常务副校长
中国科学院量子信息与量子科技创新研究院院长
中国科学院院士
2017年未来科学大奖物质科学奖获奖者

　　1999年获奥地利维也纳大学实验物理博士学位。中国科学技术大学常务副校长，中国科学院量子信息与量子科技创新研究院院长，中国科学院院士。先后获得欧洲物理学会菲涅尔奖，美国物理学会"Beller讲席"，国际量子通信、测量与计算学会国际量子通信奖，兰姆奖，香港求是科技基金会"杰出科学家奖"，何梁何利基金科学与技术成就奖，中国科学院"杰出科技成就奖"，以及未来科学大奖物质科学奖等国内外荣誉奖项或称号。

探索的动机

2017年未来科学大奖－物质科学奖
2017 Future Science Prize – Physical Science Prize

　　非常高兴能够得到这个肯定。刚才施一公讲得非常好，我发现大家做的很多事情都和物理联系在一起，在座的每一位对科学感兴趣的人有一个共同的动机，我想讨论一下探索的动机，这是我今天演讲的题目。其实所有的科学内容，某种意义上来讲，都是跟这个问题紧密相连的：我们从哪里来，我们要到哪里去？这个问题延续了好多好多年，回答这个问题的第一种可能性，其实是来自于宗教。我们知道，最早试图比较系统地探索我们从哪里来、到哪里去的时候，其实《圣经》给出了一种可能性，说上帝创造了宇宙，创造了万物和人类，某种程度上来讲，这个《圣经》是目前为止营销最好的一个学说，如果叫做学说的话。因为当时的社会分"奴隶""平民"和"贵族"等几个阶层,《圣经》告诉人们:我们都是上帝创造的,无论贫富,无论是黄种人、黑种人、白种人,都是兄弟,都是上帝的子民。生活困苦的奴隶很容易接受这个学说,有了这个学说以后,人们心理上感觉比较幸福,人们都由上帝来管着,比较安宁。但正如爱因斯坦在少年时读了通俗的科学书籍后所认识到的,《圣经》里的故事有许多不可能是真实的。随着科学的发展,人们迎来了第一次科学革命。那么,从哥白尼开始,他写了《天体运行论》,指出地球不是宇宙的中心。后来伽利略用望远镜观测天文现象,证实了用实验和数学的方法研究自然的规律,进一步证明了哥白尼日心说的观点,最后通过搜集的大量数据获得了很多规律。在这个基础上,到了 1687 年,英国的一位科学家牛顿写了一本巨著叫做《自然哲学的数学原理》,他告诉人们其实所看到的各种各样的力学现象,最后都可以统一成一个简单的公式:$F=ma$,而且告诉我们有了这个公式以后,加上万有引力的公式,我们连星辰的运动都可以计算。后来来自爱丁堡大学的麦克斯韦建立了麦克斯韦方程,告诉我们所有光、电磁的现象都可以统一为方程组。这就带来了人类历史上第一次科学革命。

    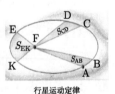

哥白尼 (1473—1543) | 《天体运行论》地球不是宇宙的中心! | 伽利略 (1564—1642) | 现代科学之父,用实验和数学的方法研究自然规律 | 开普勒 (1571—1630) | 行星运动定律

经典物理学牛顿力学已经非常成功了,它给人类带来了两次产业变革,但还是会给我们带来困惑。这里面告诉我们,一旦我们体系的初始状态是确定的,所有粒子的未来运动状态都是可以精确预言的,比如说一切事件,包括今天的会议,我到底能不能得这个未来科学大奖,其实老早就可以计算出来,是已经确定好的,个人的努力是毫无

意义的。而且牛顿又告诉我们时间是均匀流逝的，无始无终；空间也是均匀的，无限大。这个过程中我们宇宙到底有没有起源？是不是永远都是这样呢？是不是一直这样下去呢？我们都说不知道，所以经典物理学本身解决了很多问题，但是它也带来了这么一个困惑。

非常有意思的是，到了 20 世纪初，随着普朗克提出了量子论，统一了微观世界的规律，爱因斯坦提出了相对论，告诉我们时间和空间是相对的，在这个基础上我们迎来了第二次科学革命，其中一个最主要的内容是量子力学，量子力学主要是研究微观世界的科学规律。其实所谓的量子，我们刚刚所讲到的，原子、分子、光子都属于量子的范畴。什么是量子呢？量子是构成物质的最基本单元，是能量的最基本携带者，但是它有一个基本的特征，是不可分割的。为什么不可分割呢？比如说我们有一瓶水，喝到最后剩下二分之一、四分之一、八分之一，最后变成一个一个水分子了，（水分子）没有办法拿刀切一下变成二分之一，这样的话原来的化学性质就不成立了。构成物质世界的基本单元和每天的生活有不一样的性质。我们日常生活中有一只猫，只能处于死或者活两个状态，我可以用这两个状态加载一个比特的信息，量子力学告诉我们微观世界的猫可以同时处于死和活状态的叠加，不仅仅是处于 0 或者 1，可以是 0 和 1 状态的相干叠加，这是量子力学的基本原理，死和活的叠加是什么意思呢？比如说我去法兰克福旅行，然后来北京领奖，我中间睡着了，不知道沿着哪一条路回来的，到了北京我在机场醒来以后发现又冷又热，这是非常奇怪的状态，为什么我这个人会同时处于两个状态呢？下一次我在飞行过程中一直观测这个路线，发现有一半的概率是从莫斯科回来的，感到浑身寒冷，还有一半的概率是从新加坡过来的，感到浑身温暖。一万次的话，随机地五千次从新加坡过来，五千次从莫斯科过来，我不看的话是两种状态的叠加，看的话是某一种确定的状态。这种简单的分析告诉我们，量子客体的状态会被我们的测量所影响，当然大家可能会认为我是胡说八道，生活中大家经常坐飞机，经常睡觉，从来没有遇到过这种现象，你这样讲就不对了嘛。现实生活中为什么不会出现这种现象呢？因为平时你在飞机上睡着了，你旁边的人没有睡着；你旁边的人睡着了，飞行员没有睡着；飞行员睡着了，可能空姐没有睡着。只有宇宙中每一个机器、每一个客体都没有办法告诉你你在什么地方的时候，量子力学告诉我在某一些特定的条件下，是可以处于这样的相干叠加的状态。这里的分析告诉我们，量子客体的状态会被我们的测量所影响，你去看它，它和原来的状态不一样了。

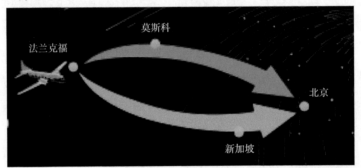

那么某种意义上来讲，量子力学和牛顿力学相比，有一个非常积极的地方，因为牛顿力学或者是我们经典的电动力学是决定论的，即预测所有的现象是决定的，但是量子力学告诉我们，如果有观测者对这个客体进行观测，会对这个状态带来不可避免的影响。所以，我们人类本身的测量行为会对体系的演化产生根本的影响。

当然，这样的概念的改变，必然会带来科技方面的进步。所以其实我们现在以信息科技为代表的第三次产业变革，在很大程度上来讲，都是和量子力学联系在一起的。比如说，在原子弹研制过程中，为了计算方便，发明了现代意义上的通用计算机；为了把数据很方便地向全世界的学者分发，人们又发明了万维网的雏形；为了物理检验相对论，人们又发展了原子钟的技术，这种技术后来又可以用到 GPS 和导航方面，所以其实在研究 GPS 的时候我们不仅用到量子力学的技术，甚至把狭义相对论和广义相对论的技术都用到了相关现实应用中。

 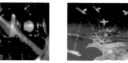

原子弹　　　现代通用计算机　欧洲核子研究　　　互联网　　　原子钟　　　　　GPS
　　　　　　　　　　　　　　 组织(CERN)

　　量子力学给我们带来了好处，比如说信息技术的革命，并且能够初步回答我们的宇宙有没有起源，根据量子力学基础加上我们观测的数据，我们发现我们的宇宙可能来自于一个奇点的大爆炸，某种意义上，按照目前的理论，宇宙诞生于奇点的爆炸或者是量子涨落，也就是说，延续了几千年、几万年的问题，终于慢慢地可能加以解答了。这个里面，大爆炸过程中 1 秒发生什么事，3 分钟发生什么事，30 万年有原子的形成，恒星核聚变和超新星的爆发会产生重元素，有了重元素几十亿年前生命才可能出现，所以有了量子力学的进展以后，除了带来信息技术的革命之外，已经能够初步回答我们宇宙和人类的起源问题了。当然，就是说有了这些成就以后，我们做量子物理的人，并不是完全满足于前面的这些成就，爱因斯坦对这只猫又做了进一步的研究，一只猫处于这样一个非常奇怪的又死又活的状态，同样的，如果是两只猫处于活活加死死的状态，会进入一种什么样的概念呢？量子纠缠自然产生了，比如说两个骰子相距非常遥远，一个在合肥，一个在北京，我们做实验的时候，每次实验中会产生相同的结果，我们把这样的结果叫做量子纠缠，或者从爱因斯坦的观点来讲，就是在遥远地点之间存在着这样一种诡异的互动。

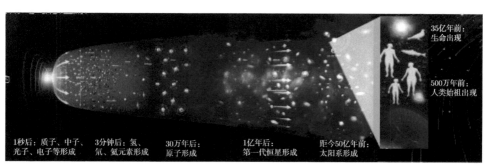

所以爱因斯坦非常不喜欢这样的一种上帝扔骰子的行为，他认为物质状态在没有测量之前就存在，而且把测量的影响减低到无穷小，所以他说上帝是不玩骰子的，但是玻尔告诉他不要说上帝能做什么，不能做什么，这个争论引出了爱因斯坦1935年非常有名的文章《量子力学对物理世界的描述是完备的吗？》。我举个例子，如果有这样两朵花，根据爱因斯坦的观念，花的颜色和气味在测量前就是已经确定好的，跟你是否去测量是没有关系的。但是量子力学告诉我们花的颜色和气味，因为它们处于这样一种纠缠态，测量之前完全不确定，一朵花的颜色和气味的测量结果会瞬间确定另外一朵花的颜色和气味。我眼睛看一次是红色的，再看一次是蓝色的，这是基本的性质，同时我可以用鼻子闻一下，两边都闻到了玫瑰花的香味，然后下一次又都闻到了兰花的香味。但是仅仅如此的话，没有办法证明这两种观点谁是对的，你不知道测量之前的状态是什么，最后看到的结果，大家都一样，你可以认为没有确定，也可以认为事先是确定的。一直到 1964 年的时候，贝尔（Bell）提出了 Bell 不等式。尽管在刚才所讲的这种统计情况下，量子力学和定域实在论的预言是一样的，如果我们再加一种统计，就是这边看花的颜色，这里闻一下花的香味，我也做一个物理量的话，可以非常方便地构建这种所谓的 Bell 不等式，这个不等式告诉我们定域实在论的预言小于等于 2，量子力学却预言对于这个测量的最大值可以到 $2\sqrt{2}$，所以有了这个不等式之后，我们可以对定域实在论是对的，还是量子力学非定论是对的，做一个实验检验。20 世纪 70 年代开始，到 80 年代、90 年代、2015 年，大家围绕着这个方向做了大量的检验。所有的检验都证明了量子力学是正确的，但是还存在着一些漏洞。

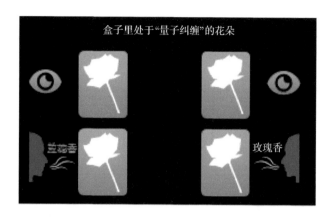

盒子里处于"量子纠缠"的花朵

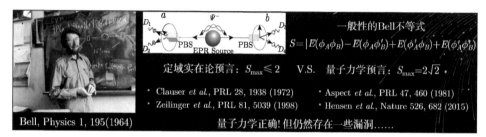

一般性的Bell不等式

$$S = |E(\phi_A\phi_B) - E(\phi_A\phi'_B) + E(\phi'_A\phi_B) + E(\phi'_A\phi'_B)|$$

定域实在论预言：$S_{max} \leq 2$ V.S.   量子力学预言：$S_{max} = 2\sqrt{2}$

- Clauser *et al.*, PRL 28, 1938 (1972)
- Zeilinger *et al.*, PRL 81, 5039 (1998)
- Aspect *et al.*, PRL 47, 460 (1981)
- Hensen *et al.*, Nature 526, 682 (2015)

Bell, Physics 1, 195(1964)

量子力学正确!但仍然存在一些漏洞……

　　尽管到目前为止我们对量子力学的非定域性检验还没有结束，但是已经为第二次量子革命的诞生奠定了基础。为了便于大家理解什么是第二次量子革命，我做一个类比。从前的遗传学规律是被动观测，种瓜得瓜，种豆得豆，后来我们知道所有的遗传规律是由 DNA 双螺旋结构来控制的，它可以控制分子的性状。我们的量子信息也是这样的，从前的信息技术都是基于对量子规律的被动观测，目前我们能够对量子状态进行主动操纵，可以利用它来做所谓的量子信息了。它的几个主要应用，就是刚才丁洪教授已经介绍的，我们可以用量子通信来实现一种原理上无条件安全的通信方式，量子计算可以实现一种超快的计算能力来解释各种各样的复杂系统的规律。

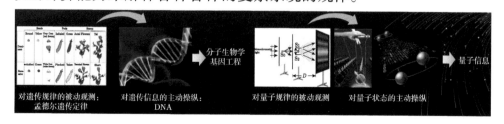

对遗传规律的被动观测：孟德尔遗传定律　对遗传信息的主动操纵：DNA　分子生物学基因工程　对量子规律的被动观测　对量子状态的主动操纵　量子信息

　　具体来说，我们利用它可以比较好地解决目前信息技术的两个瓶颈问题。在量子通信出现之前，我们知道所有的传统信息安全的加密算法都依赖于计算复杂度。所谓加密算法，随着计算能力的提高，原则上都是可以被破解的，例如 RSA512 在 1999 年被破解了，RSA 768 在 2009 年被破解了，广泛应用于文件数字证书中的 SHA-1 算法也被 Google 破解了，等等。在计算能力方面，随着晶体管的尺寸逐渐接近纳米量级，量子效应将起到主导作用，所以我们非常难以继续定义什么是 0，什么是 1，随着接近纳米尺寸，这个晶体管的电路原理将不再适用。

　　为了解决信息安全传输问题，利用量子力学，我们刚才讲到了，你去测量会改变它的状态，所以存在窃听的话必然能够发现，利用它可以实现不可破译的量子通信。

　　利用量子态隐形传输，这里因为时间的关系我只做一个形象的比方。我把一个由许多粒子组成的物质状态，让北京和合肥之间先共享很多的纠缠物质，我可以在合肥进行测量，得到信息，扫描完了以后传到北京，那么我对这团物质做一点操作，就可以把由很多粒子构成的物理系统的状态直接传送到北京，而不把物理系统传过来。当然要传非常复杂的物理系统需要很多年，但是这个东西本身已经可以用来做分布式的量子信息处理了。这个东西就直接构成了量子计算的最基本的操作。

　　所以利用这样一种相干叠加的信息在一个网络里面走来走去，我们可以构造一种计算能力随着可操纵的量子比特数呈指数增长的计算机，即量子计算机。这里举一个例子，分解三百位的大数的话，利用量子计算机只需要 1 秒就可以了，而万亿次的经典计算机需要 15 万年，这样的话在大数据、人工智能上也会非常有用。

　　1984 年量子密钥分发理论方案提出来之后，第一个实验是 IBM 在 1992 年做的，大概 30 厘米。随后大家在光纤里把这个距离传输到一百多千米但是所有的这些实验都存在着问题，在现实条件下，因为这个器件不完美，存在着几个漏洞，比如说由于光源的不完美，窃听者可以利用多光子事件来窃听我们要的信息；由于接收端探测器的不完美，使用强光攻击改变探测器的状态，可以完全控制探测器的测量结果。到了 2005 年，几位华裔科学家，有两位现在在清华大学工作，提出了诱骗态量子密钥分发方案；2007 年的时候，我们在这个方案的基础上把量子密钥分发的安全距离拓展到了 100 千米以上；之后在罗开广提出的理论基础上，我们在 2013 年首次实现了和测量器件无关的量子密钥分发，可以免疫于针对一切探测器的攻击；我们 2016 年的结果，点对点的量子分发的距离已经达到了 400 千米。所以可以很好地支撑我们在一个城域网里面的相关应用。

Yin *et al.*, Nature 488, 185(2012)

Ma *et al.*,Nature 489, 269(2012)

通过这个技术的支持，我们有一些系统在 2012 年已经在北京投入了永久性使用，2017 年 9 月份已经在北京做了更大范围的相关使用。100 千米很好，400 千米很好，但我们真正感兴趣的是要做到全球化的，几千千米，或者是几万千米。这个时候我们遇到一个难点了，主要的难点是因为量子信息本身是不能被复制的，你去测量它会发生变化，所以在光纤里面传递的时候，信号不能像传统光通信那样被放大，会变得越来越微弱，400 千米以上我就再也没有办法往下做了。所以说如果我们没有新的手段，只是在一个长度为 1200 千米的光纤当中，相当于从北京传到上海的话，即使有每秒百亿发射率的理想光子源，平均每 300 年才能传输一个信号，这在远距离中是没有什么用的。这样的话我们就要开始思考另外一种解决方案，能不能利用卫星来做基于自由空间的这么一个量子通信？因为在自由空间的外层，外面是真空，所以对光没有什么吸收。然后大气本身的等效厚度为 5~10 千米，光子穿破大气之后还能够存活的话，我们也许可以用这种手段做全球化的量子通信。

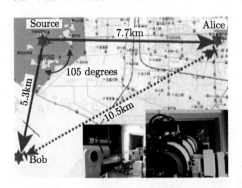
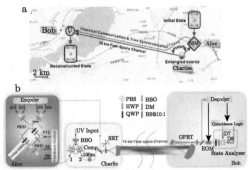

2003 年我们提出这么一种自由空间量子通信的构想，2004 年我们在合肥做了一个试验，验证了光子在穿透大气层后能有效地保持，也许我们可以继续往前走。到 2012 年的时候，我们验证了在衍射极限的情况下，光斑由于衍射极限的影响，会慢慢地变大，变大以后损耗会越来越大，我们在高损耗过程中也发现了即使损耗达到 80dB，也是可以做的。后来跟相关单位合作，进行地面的试验，卫星的各种运动状态可以被克服，在这个试验的基础上我们开始得以发展精致的技术。我们发展了超高灵敏度和能量分辨率的技术，假如在月球上划一根火柴，我利用这个机器可以清晰地看到。利用这样的技术我们可以来研制卫星了。从 2003 年，经过十多年的努力，我们在 2016 年 8 月份，终于发射了首颗量子科学实验卫星"墨子号"。我们接下来开展相关的实验任务。第一项任务是利用卫星实现乌鲁木齐到北京之间的千千米量级的量子密钥分发，成码率相比同距离的光纤提高了 20 个数量级，随后我们又实现了在空间尺度严格满足"爱因斯坦定域性条件"的量子力学非定域性检验，我们发现 1200 千米的情况下，量子力学非定域性还是很好存在的。另外，我们实现了千千米量级的量子隐形传态实验，可以把地面的量子状态传到卫星上去，但是同时并没有把地面上的物质传到卫星上。那么目前，我们在 2017 年 9 月底已经实现了北京和维也纳之间的洲际量子通信实验，我们和新加坡等国家也在开展相关的合作，进行洲际量子网络的相关实验。

最后简要介绍一下我们量子计算方面的结果。除了在量子通信方面我们做了一些工作，2007 年开始，在过去的十年中我们几乎实现了所有重要量子算法的实验验证，2012 年，我们取得了比较好的结果，首次证明拓扑量子纠错是可以进行的，这一结果发表在 *Nature* 纪念图灵一百周年诞辰的特刊。所以到了 2017 年 5 月份，我们已经首次成功实现了一台可编程的多光子量子计算原型机，首次超越了最早那几台计算机，比如说晶体管的计算机。当然了，我们还有很长的路要走。

同时，我们也实现了十个超导比特的量子芯片，这个方面也取得了一些比较好的结果。

量子计算近期可以用于所谓的退火优化机的研究，优化我们的网络和交通，也可以理解复杂的环境。另外，量子玻尔兹曼机可以加速机器学习的训练速度，量子计算在近期会有一些比较好的应用。

最后做一个总结，展望一下我们将来要做的事情。第一，我们希望通过五到十年的努力，能够构成一个地面和卫星的光纤网络，最后形成一个广域的量子通信网络；第二，我们也可以发展新一代的高效的时频传输技术，有了这种技术以后我们可以反过来进行一些量子力学非定域性的终极检验，同时也能够对广义相对论和量子引力的模型做出一些相关的检验。此外，基于全球化的量子通信网络，也可能帮助我们实现超高灵敏度的空间分辨技术，如果我们去看木星轨道上悬浮的一辆汽车，那么它的牌照也可以看得清清楚楚。

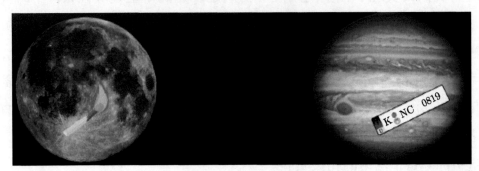

那么量子计算方面，我们在五年左右能够实现一百个量子比特的相干操纵，这个时候，对于某些特定问题的计算和求解，就能够达到全球计算能力总和的一百万倍。所以它的功能是非常好的。

量子计算实验研究进展

实现了几乎所有重要量子算法的验证

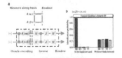

快速搜索算法	快速质因数分解	快速求解线性方程组	人工智能：量子机器学习	拓扑量子纠错
PRL 99, 120503 (2007)	PRL 99, 250 504 (2007)	PRL 110, 230501 (2013)	PRL 114, 110 504 (2015)	Nature 482,489 (2012)

很多年前我看过一本书，这本书写道，1609年的时候，开普勒给伽利略写了一封信，应该建造适合飞向神圣天空的船与帆等，经过了三百多年，人类首次进入太空，1969年人类首次登月。不妨想一想，1997年首次实现了单个粒子的量子隐形传态，十年之后又实现了多个粒子的传态，再过十年可以把量子态传输千千米以上了，也许几十年、几百年、几千年之后我们可以利用这种手段来做这样的星际旅行，谁知道呢。当然，与此同时，刚才我讲的，牛顿的经典力学是决定论的，我们用到的计算机本身也是决定论的。所以他们没有办法解释意志的起源、人有意识的问题。例如这个是《新科学家》的观点，说也许我

们的大脑就是一个"量子大脑"。因为量子力学第一次把观测者的意识和演化结合起来,通过对量子计算机和量子力学基础问题检验的研究,我们觉得量子力学和意识产生可能是有关系的。量子计算也许在将来对我们的大脑的研究也能够做一些相关的事情。

所以,现代科学的诞生,经过几百年之后,其实已经到了这样一种境界。我们本来是一个毫无生命的世界,最后慢慢地进化出人类,可以反过来探索我们的宇宙的奥秘,我觉得这可能是每一位科学者最终要来做科学的一个动机,谢谢大家。

潘建伟

2017 未来科学大奖颁奖典礼暨未来论坛年会

2017 年 10 月 29 日

青少年

对话

物质科学奖获奖者——潘建伟

|对话主持人|

孟　亮　上达资本创始管理合伙人、未来论坛理事

|对话嘉宾|

潘建伟　中国科学技术大学常务副校长、中国科学院量子信息与量子科
　　　　技创新研究院院长、中国科学院院士、2017年未来科学大奖物
　　　　质科学奖获奖者

青少年代表

孟　亮：老师们，同学们，网上在线的大小朋友们，大家下午好！

今天非常高兴再次来到论坛，参与这个意义不平凡的科学家和孩子们的对话。对话开始之前，我想和大家做一个简短的分享：

大家知道未来论坛是个什么组织吗？两年前，我们 29 位创始理事，其中一半是企业家/创业者，另一半是投资人，走到了一起。我们这群人，想做科学家但是没有成为科学家的 50 后、60 后、70 后，创立了未来论坛这个公益组织，目的是崇尚科学，彰显科学家和宣扬科学精神。

何为科学？科学一词，从英文 science 翻译而来，源自拉丁语 scientia，直译应该是"知识"。近代日本在明治维新时，定义为"科学"，也就是"分科的学问"。但是这远没有我国近代的徐光启先生最早对 science 的翻译来得准确。徐先生引用《礼记·大学》里的"格物致知"，将 science 译成"格致"。格物，指的是推究、研究事物。致知，指的是获得知识、学问。前者是过程，后者是结果。所以，我们宣扬的科学精神，不仅仅是获得知识的结果，更是推究、研究的精神。

法国人类学家 Claude Levi-Strauss 有一个对科学家的经典描述：

"The scientist is not a person who gives the right answers, he is one who asks the right questions." 说的是，所谓科学家，不是一个提供正确答案的人，而是一个知道问什么问题的人。

难怪，我们耳熟能详的科学问题很多是"猜想"，比如哥德巴赫猜想、黎曼猜想，实际上都是问一些问题。

为什么我们这群人，现在，更要宣扬格物致知的科学精神，并视之为使命？不是为了我们这代人圆一个未圆的科学家之梦，而是为了我们的下一代，你们，青少年一代！

我们成长的时代也曾宣扬科学。在那熟悉且并不久远的口号——"学好数理化，走遍天下都不怕！"的号召下，我们好多人都从数理化学习出发，我 1990 年出国留学的专业就是数学，但是，最终走上了不是科学家的路。原因是，当时教育的重点在于目的，而不是过程。我们的目的是知识，且最终目的是学本领，求一条谋生之路，难怪我们中的很多人，包括我在内，走上了"华尔街的不归路"。

还记得《十万个为什么》吗？那时我们最爱看的科学书籍。我们当时注重的是知道并记住十万个为什么的答案，而没有注重问什么、如何问。也就是强调了"致知"，忽略了"格物"。在那个知识匮乏的年代，无可厚非，因为太缺乏知识，还没有到能够格物的阶段。

今天世界上最大的教育机构是谁？不是清华、北大、耶鲁、哈佛，是 Google，是 YouTube，很多孩子是从这些平台上面学东西的，网上答案无所不有、无处不在。人工智能有着强大的储存、计算，甚至学习能力。人类光靠能够获取知识、回答标准答案已经远远不够。学会问问题、推究事物、研究问题的能力才是未来的核心竞争力。

纵观历史，总有些奇思妙想和异想天开被科学家变为现实，正是神奇的创造力每分每秒都在改善人类的生活。青少年对周边事物充满好奇，敢想敢问，是科学探索未来的主力军。今天非常高兴未来论坛把重点放在不仅仅是科学家身上，也放在科学家和青少年的对话上，正如潘老师在给青少年的寄语里所说："科学研究是需要代代传承下去的，真正的希望还是属于青年人的。"

潘建伟：很高兴今天能够坐在这里，跟很多同学，应该是青少年，一起交流一下自己的想法。因为我一看到你们，就想到我自己的小时候，我小时候很有幸在农村里面长大，因为我小时候没人带，就跟着我外婆，经常可以抓抓鱼，到山里挖挖果子、花之类的，所以小的时候一直过得挺开心的。

这样我小的时候学的东西比较少，除了我父亲给我买一些童话书之外，我主要时间在野外度过。我语文比较差，上初中的时候，父亲说，你到县城上学好一点，不要老是做野孩子，就把我带到县城上学。第一次写作文叫做"最难忘的一天"，我写了 5 分钟就写完了：最难忘的一天，就是戴上红领巾的一天，天气很好，阳光灿烂，戴上红领巾，成为少先队员，非常开心。我写完之后，发现其他同学还在勤奋地写，为什么花这么长时间？写作文是很简单的事情，为什么他们要这么辛苦？结果交上去之后，我只得了40分，40分的故事就这么被传出去了。

我在乡下没有学过作文，乡下就是让小孩子玩，尽可能少学一点东西，比较开心，也没有机会学英语。后来到了县城上初中的时候，当时英语26个字母对于我来说，就太困难了，怎么有26个字母，这么复杂，要按照顺序背下来。

发音不行，我就用中文写出来，上课也不敢回答问题。某一天我把几个单词全记下来，特别高兴，老师提问的时候，我就举手，老师很高兴，终于举手了，让我回答问题，问旗帜怎么说，船怎么说，我都忘了，老师说不懂别举手了，我那次确实很伤心。尽管前面十几年什么也没有学到，但上初中的第二年我的作文就写得比较好了，成为班上的范文，因为我童话书读得比较多；英语努力一下学得也可以，成为班上最好的。我有一个观点，平时很多时候学东西不怎么重要，需要的时候学一下也能够凑合。

上高中的时候，到了周末，我不在家里写作业，有的时候把作业带到山上去，我们那个地方是山区，从县城里走一两里路，爬到山上做作业，一直比较开心。前些年正好有一次，我的老师把高中三年的评语给我看，这个学生比较聪明，但是不太守纪律，反正最后不太守纪律变成我当时不太好的记录。我很感动，当时的中学老师把这个东西给我找出来了。

上大学之前，大家都想学科学，上大学的时候，我记得已经有机会，大家说可以去学管理，学经济的东西，但是有一次我跟我父母散步，我说到底应该学什么呢？我父母说，你自己想学什么就学什么，我说还是物理比较好，因为物理对我来说比较简单，不用什么记忆，就用一个公式，什么东西都可以推出来，我觉得学比较简单的东西很好，所以上大学的时候学了这么一个简单的东西。

这么多年我经常被家里人抱怨，因为我很难记清楚我家里那条路叫什么名字，这条路到底怎么样，因为我大脑大多数时候处于比较清空的状态，所以对我来说物理是最好的。好比你去旅行的时候，需要带的东西最少，把几样东西记下来之后，其他东西跟万花筒一样推出来。所以后来我开始学物理，觉得物理比较好，我自己比较能够欣赏它到底妙在什么地方。

后来到大二的时候，本来觉得物理很简单，一学量子的东西就不行了，觉得怎么有这样胡说八道的东西。牛顿力学、电动力学、统计力学，所有的成绩都是95分以上，就是量子力学考了八十几分，而且有时候差点没有考及格。这里面涉及很多平时想像不到的东西，我第一次知道地球是圆的时候，就觉得很奇怪。量子力学更加奇怪，有一个基本规律，当你们看这个东西处于什么状态的时候，可以同时在任何地方。比如在这个大厅里面的任何地方，如果你们看着我，我就被你们"锁定"了，只能在你们看到我的这个地方；但是当所有人、所有机器不再看我的时候，原理上我就可以同时处在很多地方，我觉得这个东西是不对的。所以我想了很多年，我的本科论文就做这个，我一直想证明爱因斯坦的观点是对的，量子力学是荒谬的。我是从90年代初开始的，1992年做本科论文，到现在，25年过去了，实验过程中反复证明量子力学是对的。所以到现在为止我也很无奈，一直没有办法把这个理论推翻掉。不过在这一过程中我们发展起来一些有用的技术，这些技术后来慢慢被发现可以有点用。

所以我们前面从小到大做的过程当中都是觉得好玩，想去弄清楚一些问题，从来没有想到它会有用，后来才发现它有点用，我是这么一路走过来的。

孟　亮：小的时候开心，不守规矩，最好不要有人看着，还有成绩不重要，兴趣很重要。在座几位同学，你们自我介绍一下，什么学校，为什么对物理感兴趣。

高宇轩：北京四中国际校区高一，之前对微观物理很感兴趣，新的发展方向是微积分在电磁学和力学中的应用。

苏子悦：北京四中初中部初三，我对物理的理解不如他们的深入，但是对我来说物理很美，大到天体，小到非常小的量子，非常神奇的，生活当中有这么多应用，我比较喜欢这个方面。

赵天琪：北京中学高一，我非常喜欢物理，和前面的同学喜欢的方面不同，但是觉得很有意思，很有趣，研究这个方面很有意义，和生活息息相关。

孟　亮：你们也准备了问题，有什么特别问题？不用按照次序。

高宇轩：您认为新型通信加密技术在未来的通信发展之中扮演什么角色？是否在其他领域当中得到更加广泛的应用？

潘建伟：我在很久之前开始思考这个问题，几十万年之前，人类进化历史上有两类人：一类是尼安德特人，一类是我们的祖先智人。尼安德特人大脑比较大，大家想，头比较大，这个人可能相对比较聪明，而且他们块头比较大，比较强壮，按照道理进化过程当中他们胜出，而不是我们的祖先胜出。然而，由于非常偶然的原因，我们的祖先发明了语言，互相之间进行交流。如果发现我在自然界吃一种草，舌头肿起来了，告诉你下次不能再吃了，于是很多知识开始共享了。

知识共享本身就是一种通信，那个时候就有网络，网络就是信息交流，就是通信，我们祖先发现了信息交流和语言或者文字等，让我们能够形成一个网络，比较好地对抗自然界的各种灾难。从前的网是一个部落，一个小小的村，所以我们存活下来了，这是一个非常重要的原因。人类的进步还有一个重要原因。现在听我说话的时候，你其实不太知道我大脑里正在想什么，我也很难知道你大脑里正在想什么，每个人本身都是有隐私的，如果我可以把你的思想看得明明白白，你的自由思想就没有了，科学里面是反权威的，没有边界，相对论和量子力学把牛顿力学推翻，一代一代往前走。

几千年之前，诸子百家大脑里想的到底是什么样的东西，大家不知道，所以隐私很重要。人类社会进展为什么会有各种各样的思想，百花齐放？因为每个人心里想什么，父母也不知道。至少人类能够进化成功，按照目前的理解，很大（程度上）得益于信息交流。

所以，希望信息交流能够变得非常充分，同时也能对隐私进行有效的保护，这是人类一直所希望的。对安全的追求可以追溯到将近2700年前，当时古斯巴达人就有加密术，古罗马凯撒大帝也有加密术，但是这些原始的加密术，计算能力够的话，可以进行破解。第二次世界大战的时候非常有名的一件事情，德军专门搞了一个加密手段，当时效果非常好，盟军不能破解，后来图灵设计了一个机器，把密码全破了，但没有告诉德军。德军的潜艇要去攻击英国某个舰队，到底要不要通知舰队，避开航线？因为马上要在诺曼底登陆了，没有办法，为了大局需要，船该炸就炸掉。德军很高兴，还是用这个密码进行通信，结果兵力部署全部被盟军知道了。用这种方法，拯救了几十万战士的生命。还有一种情况是，假如有一天你忽然接到一个电话，别人用巧妙的办法冒充你妈妈的声音，让你什么时候把钱打到哪，你接了电话相信了。有了加密手段，前面有一个口令，先输一个码，跟声音无关，一收到就知道这是真的。所以归根到底，信息的安全还是依靠加密的手段。但是到底人是不是足够聪明，能够设计一组密码，让大家破不掉？20世纪80年代，科学家说用量子这个奇怪的现象，设计一组密码，进行量子密钥分发，让大家破不掉。将来银行转款也好，保护各种信息也好，量子通信是非常有用的。

当然用这个技术，信息能够在网络里面走来走去，其实手机也是一个网络，电脑也是一个网络，这种东西将来可以用于计算。下午在这里有一个量子计算的论坛，可以用这种手段发展出非常好的超级计算的能力。

如果我们可以相干操纵一百个小颗粒，叫做原子，（针对某些特定问题的）计算能力比全世界计算能力总和加起来快一百万倍。所以量子技术不仅能用于通信，而且能用于计算等。从这种角度上来讲，预示着一种新的信息技术手段，所以它是比较有用的。

孟　亮：同学们问的问题非常好，通信加密给我的感觉，更有点像数学、计算机学，怎么跟物理连在一起？怎么会想到从物理的角度去钻到这个领域去？是什么样的背景？

潘建伟：不是我想到的，理论方案不是我提出来的，我们主要把理想变成现实。为什么这个方案不是数学家提出来，而是物理学家提出来？例如，这个房间有三个开关，隔壁房间有三个电灯泡，正好由三个开关控制。能不能证明一下，到隔壁发现，哪个灯泡和哪个开关连在一起？这对于数学家来说是无解的，他就觉得除非是开一下那边亮了，然后再开一下。

孟　亮：只能给概率，无法真正知道答案。

潘建伟：物理学家可以用物理规律，怎么弄呢？

高宇轩：开一个灯很长时间，关掉，开另外一个灯，摸哪个更热。

潘建伟：有一个温度，量子密钥安全基于物理规律而不是数学规律，让我们得了一个便宜，物理学家先把这个方案设计出来了。

苏子悦：我有一个问题，爱是必需的吗？或许爱是特质，人类起源能够被解释，感情是不是能够被解释呢？这个跟量子有什么关系？

潘建伟：这是我的良好愿望，也是我的信念。按照道理，物理学家本身应该相信实验证据。大家看过一个科幻片《云图》，一个物理学家讲过一句话："我的舅舅就是一个量子物理学家，他非常相信自然界的物理现象。"现在不能证明，也许某一天能够证明。搞生命科学的人其实做过一个实验，他们发现部落里面互相关怀本身，其实是一种需求，而且让你能够生存下来，非常重要。但因为现在基本上大家都是说宇宙是独立于我们而存在的，也没有上帝存在，至少我不相信上帝，也没有人格化的天神存在，这么一来，从某种意义上来讲，你做什么都可以，没有上帝，没有因果性，干了坏事，不被别人知道就没有什么关系。目前很多观点来讲，爱也没有关系。

父母对子女的爱是天然的，父母对子女不爱的话，我们进化的时候，对小孩不关心，小孩全死光了，不爱下一代人，就没有后代了。子女爱不爱上一代呢？不一定了。为什么中国古代制定很多孝顺的道理教育大家爱上一代，当然道理可能没有这么简单，也没有办法解释，只能这么讲。

至少在量子力学之前，我们没有办法来回答，为什么有我们的存在。非常有意思，光靠牛顿力学，我们知道时间是均匀的流逝，空间也是均匀的，所以我们永远存在下去，一代一代的。为什么？怎么来的？搞不清楚。《圣经》里回答过，中国盘古开天辟地回答过（但仅仅是传说）。有了量子力学之后，说宇宙大爆炸，有一个奇点爆炸了，恒星燃烧完了，超新星爆发变成中子星。核聚变和超新星爆发的过程中产生重元素，进化出第二代恒星，产生现在的太阳，才能有生命，没有重元素目前生命是不会存在的。从高温世界，把我们进化出来了，某一天忽然说我们回过来看看宇宙是什么样的，本身要经过很辛苦的过程。这么多粒子碰撞，组织成潘建伟，我们还能坐在这个地方说话，概率很小。概率这么小，能够坐在这里聊天，这是很大的缘分，是不是得珍惜一下。我没有办法从理论上来证明爱是必需的，所以我问这个问题，也许等到某一天方程可以算出来，爱是方程本身的必然需求。

自然界里面尽管量子力学这几个规律本身要求你是这样的，但是这个现在还不知道，我只是说从宇宙开始进化，进化到我们现在，从前没有生命，进化到高等生命，然后回过来看这个世界，研究这个世界，本身就是一种非常神奇的事情，就会产生一种敬畏之感。整个银河系有数千亿颗恒星，地球非常渺小，整个已知宇宙有数千亿个银河系，我们地球只是一个灰尘，非常渺小，从这个角度确实产生敬畏感。这只是我的理解。

孟　亮：我小的时候学物理很枯燥，几乎不用问太多问题，老是在推演、计算，天天在背，为什么在潘老师这里就是一个非常神奇的东西，因为他不断地在问问题。物理跟其他的学科完全是连在一起的，物理跟爱都连在一起了，所以小朋友们，这个不是真正地叫你明天去考试，就是要格物，就是要问，怎么问问题很重要。

赵天琪：我想问的问题是关于量子感应这个神奇的现象，它在未来还能在哪些方面投入应用？因为您是研究量子卫星的，这个特点现在被用在量子的空间信息交流，那么除此之外还可以应用在什么方面？

潘建伟：物理学家相信客观世界，是唯物的情况，你讲的这个量子感应，是不是量子纠缠？我当时被两个东西搞糊涂了，刚才讲了我上大学的时候为什么被这个事情搞糊涂。第一，量子叠加，我们每天的生活当中，这瓶水要么放在桌子上，要么放在地板上，不会同时在两个地方。氢原子不一样了，就是原子核，外面电子在跑，电子在跑的时候，不仅可以处于基态、第一激态，还有激发态，能量高一点，或者往外面跑。发现某些时候粒子不仅可以在地板上，也可以在桌子上，或者能量高一点、低一点，两种状态同时存在，这是量子力学里面的基本现象。什么时候会有这种现象的存在？前提就是你不要去测量它处于什么状态，这样讲起来比较抽象。

比如去欧洲旅行，飞回北京，假定有两条航线，一条航线从莫斯科过来，另外一条航线从新加坡过来。因为你在飞机上比较累，睡着了，你妈妈去接你的时候，她问这次从莫斯科航线过来，还是从新加坡航线过来。你左半边感觉非常温暖，右半边感觉非常寒冷，又冷又热。因为你睡着了，弄不清。结果你为了弄清楚到底是从哪条航线过来的，以后每次坐飞机都睁眼不睡觉，飞了一万次，有五千次发现看到莫斯科的红场，感到浑身寒冷；五千次看到新加坡圣淘沙里面的狮子，感到浑身温暖。你觉得很放心，原来第一次坐飞机搞错了，只能在某一条航线上，不会同时在两个地方。以后坐飞机你又睡觉了，发现只要睡着的时候，每次到北京都感到又冷又热。这个时候麻烦了，为了解释这个现象，用量子力学的观点，当你没有看自己在哪条航线的时候，你是同时处于两个地方的叠加。但是在现实生活中，我坐飞机也睡觉，醒来却从没有感觉又冷又热，因为我在睡觉的时候，旁边的人可能中间醒来，他没有睡觉，他看看我们在哪条航线，可能空姐没有睡，或者飞行员没有睡，只有什么时候才会出现叠加现象呢？整个宇宙当中，没有任何一个人、任何一个机器告诉我们，你是在哪儿的时候，可以跟分身术一样，在很多地方，这在每天生活当中是不可能发生的。

微观世界中，空气当中有很多原子，光照过来，其实也是照不到，如果照到应该可以看见，为什么没有看到颗粒？因为光照过来的时候，跟原子没有相互作用，所以在大气当中飞的时候，很多原子同时在几个地方，这是微观世界每时每刻都存在的，叫做量子叠加。但是这个够奇怪了，我当时想了一两个月没有搞明白，觉得这是不可能的事情。

爱因斯坦又提出量子纠缠，就更奇怪了。比如说我这里有一瓶水，我跑回合肥，你在北京，我把这瓶水拿了扔一下，头朝下，我打电话给你说，你那瓶水也朝下，果然是这样；我再一扔，我这边朝上，你那边也朝上，这个叫做量子纠缠。这更奇怪了，相距这么远。

我们与"墨子号"量子卫星相距 1206 千米，结果测量子状态，这边是什么，那边也是什么。这是量子纠缠，可以做量子密钥分发，这是第一种。一个粒子处于两种状态，两个粒子有四种状态，如果每天生活当中，比如现在有六个人，每个人只有一种状态，某个确定的时候总共只有一种组合，2 的 6 次方种可能，但是只能处于某种状态。而量子世界当中，每个人可以坐在凳子上，可以坐在地板上，同时两个状态都有，2 的 6 次方，粒子数量越来越大，达到 2 的 100 次方的时候，同时处在的状态数目就非常多了，原理上我们可以同时对这 2 的 100 次方的状态进行计算，所以计算得非常快。另外，悄悄看一下这个体系，发生了变化，利用变化感应能力，可以做一种量子传感，会做很好的精密测量。所以量子的用处不仅在通信、计算方面，而且在精密测量方面，都是非常有用的。

高宇轩：非常敬佩您用生活当中非常常见的例子，把物理具象化，变得简单易懂。还想提出一个问题，了解到您在国外留学期间，曾经师从一位世界顶尖的导师，对于即将出国留学的我们，希望您提出建议和指导。

潘建伟：我觉得这个问题确实非常好。我记得当年，好多同学出国的时候，有两类，一类先找那种最有名的老师，哪个老师有名就找谁，比如说我的同学也好，师弟也好，这个找了诺贝尔奖获得者，那个找了非常有名的，也是美国国家科学院院士，但是我当时觉得他们的年龄相对比较大了，六七十岁了，科学界是年轻人的世界，我当时想不能这么干，也许我找到很有名的老师，但是他所做的东西可能已经稍稍地离开前沿，有一定距离了。当然这是我自己比较质朴的想法。我当时的老师在国际上比较有名气，不到 50 岁，我研究论文的时候，发现他正好处于比较活跃的阶段，实验科学跟数学不一样。华罗庚先生讲，你几岁了？38 岁，再过两年没有戏了。菲尔兹奖有一个年龄限制，过了 40 岁不行，物理学家四五十岁还能在科学第一线。当时有两个选择,一个是非常有名的老师,快 70 岁,我这个老师 40 多岁。后来我经过研究之后,觉得还是跟这个老师比较好。也不用太注重是哪个学校,因为我当时出国去了欧洲一个小城市——因斯布鲁克,当时这里有三个教授成为沃尔夫奖的获得者,沃尔夫奖是诺贝尔奖的风向标。后来哈佛大学、MIT 毕业的博士,到那里镀金,再回到哈佛、MIT 当教授。所以选择导师的时候不一定看他是不是特别有名,也不一定看大学是不是特别有名,关键是学科要真正让你有兴趣,我觉得这个是非常重要的。

孟　亮: 这一路走过来,能不能回忆一下,有什么关键人、关键事在关键的时候起到一些作用,使您能够一路把这个科研工作推进到今天?

潘建伟: 面对一些问题的时候,总是要面对一些现实压力,我上高中、大学的时候好一点,很多人学物理。现在据我所知,高考状元去清华、北大基本上学经管,当然这个也很好。国内有一种风气,大家觉得数理化很好,高考状元就都搞数理化,觉得经管好都学经管,当然高考状元最后不一定发展都特别好。某些特殊情况下,会遇到生活压力。我学物理,本科快毕业的时候,很难找到饭碗,可能连自己都养不活。爱因斯坦当年没有办法就到专利局当专利员。后来很多人给爱因斯坦写信说,我喜欢物理,能不能每个月给我寄点钱,爱因斯坦说不行,要学物理,必须把肚子先填饱。学理论物理有一个尴尬处境,失业了,可能养不活自己,但不能再让父母养活我们,有一段时间很苦恼。我记得刚上大学的时候,有一个人到合肥考博士想继续学物理,但最后还是回到自己原来做的东西,不是每个人都适合做物理。他收集了很多爱因斯坦的书,所以我当时把爱因斯坦文集拿过来了,后来悄悄地跟他说,你把这个书给我算了。相对论读起来比较难,建议大家读他的两篇文章,哪怕对高中生来讲也适合,就是他的自传小序和《探索的动机——庆祝普朗克 60 岁生日的讲话》，人只要随着自己内心需求做一些事情，只要去做，最后总是会有所收获。还是要做自己喜欢的事情，慢慢去做，总是会有点成果的。

我当时感到特别困惑的时候，很多同学转行了，干各种各样的事情去了。因为我确实喜欢这个，只要能填饱肚皮，先去干这个，后来干着干着比较好。我也没有见过爱因斯坦，但是后来我觉得他那两篇文章确实给我的印象非常深。

孟　亮：我 1990 年去美国留学的时候，在美国看到很多得奖学者，中国学生大多是物理、数学、化学专业的，的确有谋生压力，有经济压力，很多人转行了，稍微幸运一点，英文说得好一点的，转行去了华尔街。相当一部分坚持在高校做科研，这是很艰辛的，也是把自己的兴趣坚持到底，真正能够在科研上做出成就。

今天对话环节到此为止，非常感谢潘老师在获奖的今天能够跟青少年做一个非常真心、非常坦诚的沟通，希望青少年朋友们学到很多，更重要的是培养兴趣、献身科学。谢谢大家！

潘建伟、孟亮、青少年代表
2017 未来科学大奖颁奖典礼暨未来论坛年会
2017 年 10 月 29 日

第二篇

量子计算

数据处理对于进入数字时代的人类社会至关重要。当二进制计算机还在通过增加线程和中央处理器核心来实现计算舵力的代数级增长时，"不按套路出牌"的量子计算机却完成了指数级的革命，被视作大规模数据处理的未来。量子计算，为现有的加密、区块链等众多技术带去冲击，也为未来发展带来"无边"可舵，必将引爆一场新的工业革命。

丁　洪 | 中国科学院物理研究所研究员
北京凝聚态物理研究中心首席科学家
未来科学大奖科学委员会委员

　　现为中国科学院物理研究所研究员，北京凝聚态物理研究中心首席科学家。1990 年毕业于上海交通大学，1995 年在美国伊利诺伊大学芝加哥分校获物理学博士学位。1995 年至 1998 年在美国阿贡国家实验室做博士后。1998年至 2008 年在美国波士顿学院大学物理系历任助理教授、副教授、正教授。长期从事凝聚态物理的实验研究，主要利用光电子能谱研究高温超导体和新奇量子材料的电子结构和物理机理。1996 年在铜氧化物超导体中发现赝能隙，2008 年在铁基超导体中观察到 s-波超导序参量，2015 年实验上在固体材料中发现外尔费米子。在科学期刊上发表了超过 220 篇学术论文，被 SCI 引用超过 12000 次，H-引用指数为 55，在国际学术会议作邀请报告超过 100 次。1999年获美国的斯隆奖，2008 年入选首批国家"千人计划"，2011 年被选为美国物理学会会士，2014 年获汤森路透中国引文桂冠奖和科研团队奖。

量子计算——下一次工业革命的引擎

　　非常高兴能够来到未来论坛年会，作一个关于量子计算的报告，事实上，我做量子计算是刚刚入门，以前做得比较多的是超导，近几年来做了很多拓扑方面的研究，现在想把拓扑和超导结合起来，就是拓扑超导体。拓扑超导体又可以用在量子计算机上面，所以现在我开始做量子计算，我的题目叫做"量子计算——下一次工业革命的引擎"。

　　我们都知道，在以前有过几次工业革命，准确地说是三次：第一次是以蒸汽机为主要动力的工厂生产时代；第二次是电机和内燃机的产生，人类进入了生产力大幅度提高的电气时代；第三次就是我们非常熟悉的信息时代，以计算机为主的第三次工业革命；现在又进一步

进化，以互联网、大数据和人工智能开始的第四次工业革命即将来袭。从第三次工业革命和第四次工业革命来看，计算机都起着一个主导作用，但是随着近年计算机的发展，即将遇到一个瓶颈问题，即我们所熟知的摩尔定律，就是说每隔 18 个月，集成电路上可容纳的元器件数目增加一倍，计算性能增加一倍，这使计算机上面的元器件的尺寸越来越小。

经典计算机的发展瓶颈

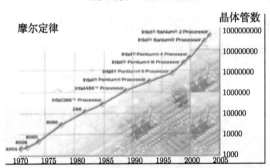

摩尔定律：每隔18个月，集成电路上可容纳的元器件数目增加一倍，计算性能增加一倍

现在已经进入纳米时代，到了小于 10 纳米的时代，这样就带来了两个问题，第一个问题是经典计算机不可避免的热能耗问题，我一会儿会仔细地讲一下所谓的 Landauer 极限；第二个是随着元器件减小有量子效应，电子在小尺度上面会发生量子隧穿现象，这样的话，一个经典比特就会导致摩尔定律的最终失效。这个时候有人提出量子计算机，为什么要做量子计算机？因为经典计算机不可逆，不可避免热损耗。比如说做这个运算中 0 和 1 相乘的答案是 0，0 和 0 相乘也是 0，倒过来说，如果我知道这个背后的结果 0 是各种相乘，不管 1 和 0 还是 0 和 0，都是不可逆的，Landauer 原理就说如果这个比特信息的丢失是不可逆的过程，信息的丢失必然有一部分会以热量的形式散发掉，这样就会有一个热极限问题。但是量子计算机从原理上是完全可逆的，就可以超越这个 Landauer 热极限。

另外，量子世界是非常复杂的，实际上在 20 世纪 80 年代，著名的物理学家、诺贝尔奖获得者费曼就提出遵守量子计算法则的计算机是模拟量子世界的最好方法，这也是量子计算机最初的概念。我们看看什么是量子，所谓量子就是大家比较熟悉的光子、电子、原子构成物质的基本单元，也是能量的最基本携带者。

量子世界有两大独特的风景，第一个叫做量子叠加，这里举了一个比较通俗的例子，就是薛定谔猫，量子里面如果有量子猫，生和死会有混合态，也就是说生死不明。

第二个是量子纠缠，什么意思呢？两个量子纠缠，这种纠缠态的相互关系，比如一个是自旋向上，一个是自旋向下，还是用薛定谔猫的这个例子，两只猫纠缠起来一只是死的，另外一只就是活的。组成纠缠对的量子态是叠加的，是不定的，既可以是生，也可以是死。你一旦发现其中一只是活的猫，另外一只一定是死的猫，这个可以分得无穷远。量子纠缠非常难以想象，有些人说这可以用量子虫洞的概念去理解。认为在空间上很远，但是它们有办法通过一个虫洞，实际上非常近。

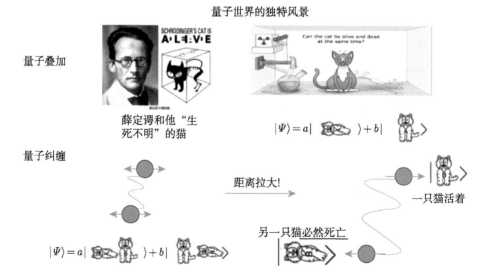

量子世界的独特风景

35

对于经典比特来说，0 和 1 是确定的一组比特，一组比特可以表示一种状态。我们用计算器做计算的时候，讲 88.8 的输入和输出，都是确定的数。计算机也是这样，输入一个确定的数，输出一个确定的数，但是对于量子比特来说，它确实带有不确定性，除了 0 和 1，比如说向上指的代表自旋，向下指的可以表示 0 和 1。还有一个是说它可以在这个指向方向，球的任意一个方向都可以投影出来，就是 0 和 1 的线性组合，这个是可以同时有 0 和 1，因为任意方向中有的方向是 0 态，有的是 1 态，0 和 1 态同时存在，这样的话就导致了量子计算机的指数增长。

这里做一个比喻，印度的国际象棋在一个棋盘上格子里放一粒小麦，另外格子里分别放 2 粒、4 粒、8 粒……那么把 64 格都放完的话，是多少粒小麦？184 亿亿个，非常惊人的数量。量子比特有同样的功能，1 个量子比特储存 2 个信息数目，2 个储存 4 个，3 个储存 8 个……然后当存储 50 个的时候也是非常惊人的数目，这 50 个比特构成的运算可以达到 100 万亿次经典计算。如果你能够充分利用量子比特来同时对 50 个量子比特进行操作，原则上相当于可以进行 100 万亿次经典运算，所以这就有非常大的优势，量子算法也保证了量子计算的并行优势可以得到充分的发挥，并且能够大大提高量子计算所需结果的出现概率。这里简单讲一下两个量子算法，一个叫做无序数据库搜索，另一个是大数分解，分别是在 1996 年和 1994 年提出的。对数据库进行搜寻，举个经典的例子，假设我们要从无序排列的数字 1~100 中找一个数字 3，比如说放 1、2 都不是，放 3，说是，然后找到，这样搜寻下去的话，平均需要找 50 次。如果用量子搜索，1、2、3、4……都放进去的话，出来会有 NO、NO、YES、NO……当然还会做迭代，会证明出来需要 $\sqrt{N}$ 次，100 个数 10 次就可以搜寻出来。这个可以作为地图导航来提高效率，如果地图导航有 N 条路，走的路径是具有可能性的，那就是 N 的阶乘，或者是说 2 的 N 次方，如果用这种方法搜寻，就比较快。因为路径很多，就可以开根号来算。另外，可以提高大数据的搜寻速度。下一个算法主要用于因式分解，大家都知道因式分解，比如说这里举一个例子，57 分解成 3×19，对于下图绿色的部分，这么大的一个数字，因式分解确实非常难。做乘法很容易，但是把做出来的乘积进行因式分解非常困难，甚至超级计算机都不可能做出来，但是提出的因式量子的分解就可以做出来。如果我有量子计算机，很快把这个大数分解成两个数，这个分解速度就是下图中的红线。跟蓝线比，蓝线是一个指数形式，上面都是 10 的 35 次方，红线停留得还是非常缓慢的，那么你们会问这个因式分解有什么用？因式分解有非常大的用途，现在通用的 RSA 加密，最主要的是利用了因式分解，有公钥和密钥，公钥是两个密钥的指数相乘，只给你公钥，你是分解不出来这两个密钥的，我告诉你密钥才行。

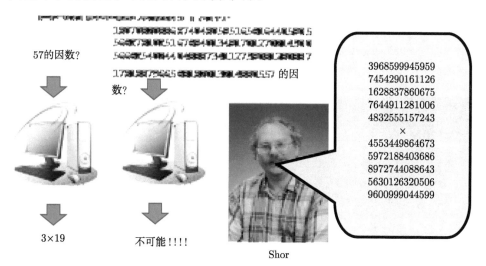

Shor

所以对于这样的计算机来说，是非常难分解的。比如说现在通用的 RSA 1024，在 2006 年用经典计算机去破译是一万年，2024 年需要 38 年就可以破译，以后再发展，2048 年可以只用 3 天。对于量子计算，量子计算机只要 10 分钟就能够破译。你说我可以把这个数字再提高，提高到 RSA 2048，RSA4096，对于经典计算机，需要的时间超过宇宙年龄，这是几乎不可能的。但是对于量子计算机，并不需要再发展它的速度，都是从分钟到小时，这样的话，破译 RSA 的密码就非常容易，就是使这个不对称的因式分解对称化，使 RSA 的密钥等同于公钥，这是一个重要的作用。

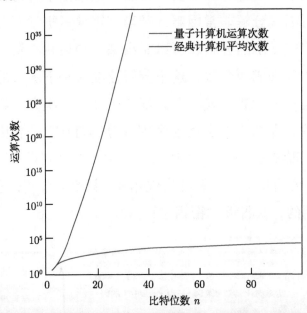

比特位数	2006年	2024年	2042年	100 MHz量子计算
1024	10^6 年	38 年	3 天	4.5 分钟
2048	5×10^{15} 年	10^{13} 年	3×10^3 年	36 分钟
4096	3×10^{25} 年	7×10^{25} 年	2×10^{25} 年	4.8 小时

量子计算让"不对称"的因式分解"对称"；让 RSA 的"密钥"等效为"公钥"

　　量子计算机利用的是量子相干现象，但结果输出需要利用的是退相干，这个猫是死的还是活的，你一看就能确定；经典不是这样，输出和输入必定是一个确定值，要么 0，要么 1。但是量子的话，你要对它进行一个退相干，有可能说是一个混合态，所以这个 0 和 1 各是 50%，你测试有 5 次是 0，5 次是 1，那么你说一半活，一半死，50% 猫活了，50% 猫死了。在这样的情况下，因为有这个特点，也可以说有这个缺点，所以量子计算机在不需要大量的并行计算中，事实上它和经典计算机比是没有优势的。我们看一个视频，不需要用量子计算，因为不需要用并行去计算，所以量子计算机基本上是不能彻底取代经典计算机的。两者应用对象不同，优势互补，关系有一点类似于白炽灯和激光，白炽灯和激光是不同的，白炽灯是一个不相干的光的发射，激光是相干光，这和计算机与量子计算机的关系类似。

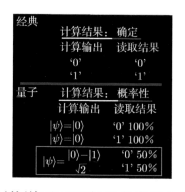
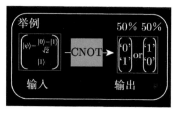

虽然不能说可以用激光来代替白炽灯，但是有很多白炽灯做不了的事情，激光能够做，并且激光能带来很大的技术革命。

当然量子退相干也带来了噪声的问题，这是量子计算最大的一个问题，就是说它的环境会给它带来噪声的问题。怎么样解决这个问题？一个办法是量子办法，比如说量子纠错和量子避错，另一个办法是用很难发生量子错误的拓扑量子计算去做。现在实现量子计算的途径主要有五种，其中主攻方向叫做超导量子计算，一个比较前瞻的就是拓扑量子计算，还没有实现量子比特，超导量子计算机现在是业界的主流，近几年发展很快，从 2012 年开始，Google 跟 UCSB 合作，从 2012 年 4 比特到 2014 年 5 比特，2015 年 9 比特，中国去年和今年实现了 10 超导比特的量子计算机，现在 IBM 是 16/17 超导比特，英特尔说它也可以做

17 超导比特，至少根据 Google 来说，它说今年年底有望做出 49 超导比特。前面我说了 50 比特是 100 万亿次，号称所谓的量子霸权，是不是能这样？虽然这个数字看起来增加很慢，但是随着这个数字的增加，事实上它背后是一个指数型增加，到了 50 将是非常了不起的。正因为这样，近年来企业界参与得非常多，有 Google、英特尔、IBM 等，当然也看到了阿里巴巴，事实上我后面演讲者也就是阿里巴巴的首席量子科学家，他们和中国科学院合作，于 2015 年 7 月份联合成立了中国科学院-阿里巴巴量子计算实验室。各国政府的投入也非常多，中国的投入也不少，19 亿元，在 2013 年到 2015 年，还会有更多，不仅发射了量子卫星，现在还正在筹建量子信息科学国家实验室，总部设在合肥。

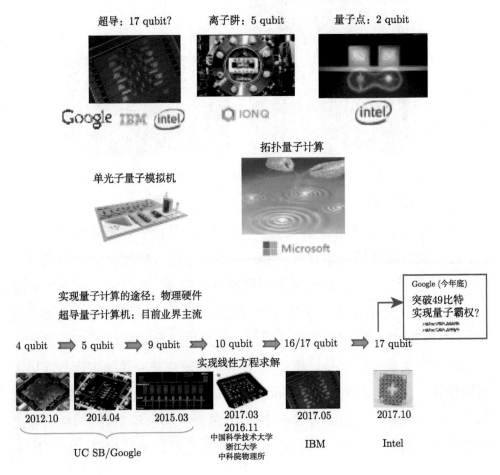

最后我还有两分钟时间，简单讲一下拓扑量子计算。这个拓扑的概念正如茶杯可以连续变化成一个甜甜圈，两者拓扑相似，中间都是有一个圈，有人在一百多年前就开始研究这个圈的缠绕，这里是一个结的周期表，都编了码，有0个、3个、4个、5个，这5个是有不同种的。当时做这个事情是为了解释真正的元素周期表，当然最后弄出来，

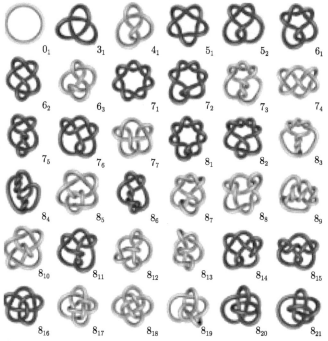

发现这跟元素周期基本上是没有关系的。但是后来认为这还是很有用的，一个用途是所谓的超弦理论，在高能物理中得到了一些启发，另外一个用途是用于拓扑量子，就是说这个结可以作为拓扑量子比特，怎么做？这个对于二维的是可以做的。这里举一个例子，爱因斯坦和他的学生，爱因斯坦到处跑，在地图上可以这样跑，但是我们知道爱因斯坦说时空是一样的，有一个时间轴在二维空间上就构成了一个三维的时空，你这样看这个轴是怎么走的？一种是学生不动，爱因斯坦这样跑，这样就会形成一个结；另一种是他们两个都不动，光看初始态和末态，两个一模一样，但是时间节不同，导致拓扑态不同，这是

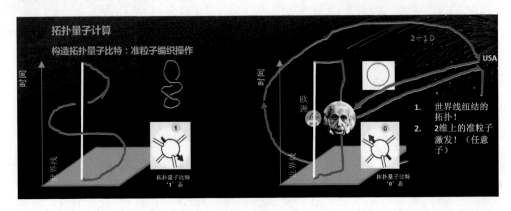

两个不等价的量子态，可以把这个说成是拓扑量子比特一态和二态。可以去做，这样的话就成为一个所谓非阿贝尔任意子。这个有什么好处？形成这个结的过程只是和拓扑有关，它具体的形状、一些噪声、一些扰动也不会改变它的结果，所以这样的话会得到一个拓扑保护的量子计算，有天生高容错的现象，用什么准粒子？就要用到马约拉纳束缚态，是马约拉纳在 1937 年通过一个方程预言的。通常照正粒子的镜子，正电子和负电子，电荷相反；对于马约拉纳，照镜子一模一样，这个也被命名为天使粒子，也就是正反粒子一模一样。在材料中怎样实现？现在主要有三个方法，第一个是所谓的本征拓扑超导体；第二个是用空间近邻效应把拓扑和超导结合起来，2008 年由傅亮和他的老师预言的；第三个是我们最近提出的，就是利用了倒空间近邻效应来实现。

最近我们的一些文章逐步证明了铁基超导体中存在马约拉纳准

Phys. Rev. B 92, 115119 (2015)
Science Bulletin 62, 503 (2017)
arxiv: 1706.05163 (2017)
arxiv: 1706.06074 (2017)

拓扑量子计算

逐步证明铁基超导体中存在马约拉纳准粒子激发

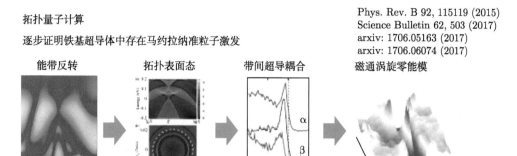

能带反转　　　　拓扑表面态　　　　带间超导耦合　　　　磁通涡旋零能模

粒子激发，几个试验的过程我就不讲了，因为我的时间已经到了，最后讲一下量子计算的应用，无论是人工智能，还是机器学习、精准预报天气、加速太空探索，到快速算法、解决交通堵塞问题，都会带来巨大的变化，所以可以说量子计算是下一次工业革命的一个引擎，谢谢大家。

丁　洪

2017 未来科学大奖颁奖典礼暨未来论坛年会·研讨会 5

2017 年 10 月 28 日

施尧耘　　阿里云首席量子科学家
　　　　　　　之江实验室副主任

　　1997 年本科毕业于北京大学计算机科学与技术系，随后在美国于 2001 年取得普林斯顿大学计算机博士学位。在加州理工学院量子信息研究所做完博士后研究后，赴美国密歇根大学电子与计算机系执教、研究，历任助理教授、副教授、正教授。研究涉及量子信息科学的多个方向，成果包括多个相应方向中最具代表性的工作，如在 Device-Independent 量子密码学中具有突破性的进展。2017 年 6 月入职阿里巴巴集团，出任阿里云首席量子科学家，全面协调集团的量子技术研发工作。

量子计算：量子比特数之外

我们的未来是什么样的，我们经常喜欢问这样的问题。一些生物学家认为，有能力预测未来或者热衷于思考未来，是人类能够进化到如此高度的原因。对一些人来说，思考未来可能会带来一点压力。而今天我想更批判性地讨论这个问题，我要把自己想象成是一个从未来穿越过来的人，和大家讨论我们现在做的事情什么是对的，什么是错的，以及我们能不能做得更好。我叫施尧耘，我在密歇根大学任教很长时间了，最近加入阿里巴巴，担任首席量子科学家，同时还在浙江省的之江实验室任职。

量子计算机（目前）是不存在的。两个原因，或者说两个层面。纵观量子计算的发展历史，1981 年之前肯定是不存在的，当时理查德·费曼提出了使用量子计算机来模拟量子系统的想法。他指出用经典计算机来模拟量子系统是非常困难的，因此很自然地想到用量子计算机来模拟量子的系统。很多年过去了，量子计算的想法也许只是一小群物理学家的爱好，并没有广泛传开。

直到 1994 年，我们迎来了真正的变革，可能就是在这个时候。贝尔实验室的彼得·秀尔（Peter Shor）发现了整数因数分解的超快量子算法。我们从小学就知道如何分解整数：给定一个数字，我们试着除 2，再试着除 3，以此类推，一直除到该数字的平方根。如果我们找不到任何除了 1 和它本身之外的因数，输入数是质数（素数），否则我们就成功分解了输入数。但是，这个算法是很糟糕的，如果输入数非

本文来自施尧耘老师现场英文发言，由李明翰（中国科学技术大学）翻译与整理。

常大，这个算法就需要做大量的除法。相比之下，彼得的量子算法可以非常快地以极少的步骤数来做因数分解。这是一个非常大的变革。如果有人有了量子计算机，刚刚丁教授也提出了这一点，因为这个算法，现在常用的 RSA 加密系统就不再安全。彼得在同一篇论文中，还提出了解决离散对数的超快量子算法。这也是非常重要的问题，因为当前广泛使用的用来建立秘密（"密钥分发"）的协议 Diffie-Hellman 将因此而不安全。该协议的发明人凭此获得了图灵奖，如果有人拥有量子计算机，这个建立秘密的协议就将被打破。纵观历史，应用是技术的主要驱动力。可悲的是，像战争这样的极端竞争往往是驱动技术最强大的力量之一。量子计算也是如此。由于在破译密码中的应用及其对国家安全的影响，量子计算在彼得的论文发表后得到了巨大的关注。

在彼得的论文发表之后的许多年，量子计算机仍然不存在，因为还没有人制造出实用的量子计算机。目前量子处理器的规模如此之小，我们可以快速地用经典计算机模拟。即使是高中生也可以编写一个模拟器来模拟我们现在最大的量子处理器。所以，我们还没有真正意义的量子计算机。

现在，我想从另一种更深层次的意义上声称量子计算机并不存在。也可能出于同样的原因，我可以声称它永远不会存在。原因是：量子计算机是利用量子态工作的，而量子态不符合经典的现实概念。我记得我在普林斯顿高等研究院做报告时，那是爱因斯坦曾经工作过的地方，有人向我提了一个问题，是我在所有报告中遇到的最好的问题。问的是：什么是经典的？这对我来说真的是一个深刻的问题。这里我们不进入哲学的范畴内讨论，只是解释下爱因斯坦为什么说量子态不符合经典的现实概念。

爱因斯坦和他的共同作者认为，判断一个物理量（例如一个粒子的位置或动量）是否是现实的一个充分条件是，我们是否可以在不干扰系统的前提下确定地预测它。如果我们能够确定地预测位置而不干扰系统，那么我们说这个位置是现实的。如果我们能够确定地预测动量而不会干扰系统，那么我们说动量是现实的。但在量子理论里，根据海森伯测不准原理，位置和动量不可能在不扰乱系统的同时准确地预测出来。因此，位置和动量无法有同时存在的现实。但是，在这篇文章中，爱因斯坦、波多尔斯基和罗森提出了一个理想实验。假设量子态完全地描述了现实，他们发现动量和位置可以确定地预测并且不会干扰系统。这和海森伯原理是相违背的。因此，爱因斯坦、波多尔斯基和罗森得出结论，量子态并没有完全描述现实，而量子计算机必须依靠量子态来进行计算，但这些态不完全符合我们对现实的观念！

理查德·费曼有很多经典的语录，其中之一就是"没有人理解量子力学"。我对这句话的理解是，"理解"是一个经典的概念，而量子态超越了经典，因此我们不能真正用我们的经典大脑来理解量子态。

理查德·费曼错了：至少量子计算的模型是很容易理解的。让我们从经典开始。

什么是经典比特？

经典比特不是 1 就是 0。这些是两个不同的状态，我们在数学上可以将它们描述为二维空间中的两个正交的单位长度的向量。什么是随机比特？当我们掷硬币时，硬币的状态是 0 和 1 的凸组合。例如，一个完美的硬币有一半的概率是 0，一半的概率是 1。随机比特的状态对应于 0 点和 1 点之间的点。这是经典信息。

量子信息是不同的。在数学上，一个量子比特可以是该单位圆中的任意点。如一个单位圆，长度是欧几里得长度。以这样一个量子态为例，0 状态减 1 状态，除以 $\sqrt{2}$，我们将矢量的长度设置为 1，所以这里除了一个 $\sqrt{2}$。另外，很重要的一点是系数可以为负数。这是量子比特的状态。

那么，两个、三个、四个量子比特的状态会是怎样的呢？假设，当我们有 N 个量子比特时，这 N 个量子比特的态就是 2^N 个可能的经典状态的线性组合，并且长度为 1，所以这是单位球面上的一个点。这是量子信息的存储。

那量子操作呢？一个解决问题的原则叫做奥卡姆剃刀，就是最简单的办法经常是正确的。如果我们同意量子态是单位长度矢量，那么量子操作必须将单位长度矢量改变为另一个单位长度矢量。最简单的这样的操作是保持长度不变的线性变换。这就是酉变换，或者实数上的正交变化。镜像对称和旋转是量子操作的例子。

我们已经介绍了存储和操作。现在，关于量子计算有一点是特别的。我们需要从量子态中读出经典信息，因为我们是经典生物。这一过程叫测量。（最基本的）测量量子态就是将该状态投影到经典状态。测量一个量子比特就是将其状态投影到 0 状态和 1 状态。对于两个量子比特，我们将该态投影到 00，10，01 和 11。我们以一定概率观察到一个经典结果，而其概率恰好是对应的投影的长度平方。现在我们能明白为什么量子态的长度必须是单位的了吧？要求长度的平方和为 1 对应的是所有的概率总和应该为 1。

这是一个量子态（EPR 态）的例子（图示）。如果你只想记住一个量子态，那就记住这个。01 减 10，除以 $\sqrt{2}$ 。当我们测量这两个量子比特时，我们测得的结果是 01 或者 10，两个结果出现的概率一样。

量子电路与经典电路非常相似。我们从经典的初始输入开始，每条线对应一个量子比特，我们可以选择在何时在哪里使用量子门操作。最后，我们测量得到经典输出。

理想情况下，我们希望最终能以很高的概率得到正确答案。

回顾一下，我说量子计算不存在有两个原因。第一，我们还没有在工程上实现它；第二，它利用了不符合经典现实概念的量子态。但是事实上，量子计算存在于新闻中：现在有很多关于各国的竞争的新闻。在过去的星期二,有一个美国国会听证会,提及了我的公司。还有关于中国国家量子实验室的消息,然后是公司之间的竞争。这场游戏变得非常激烈。

很多新闻都是关于量子比特的数量,这正相关我今天想要传达给在座各位的主要信息。那就是,量子计算的发展远不止提高量子比特的数量这么简单。我不是物理学家,我只接受过高中物理教育。我更希望你们能看到量子比特数量甚至物理之外的东西。现在,为了使我的论点更加完整,我想给你们介绍另外一些对最终实现量子计算至关重要的组件。这些只是最终组件的一部分。

我们应该有硬件、软件、算法和应用。即使对于硬件来说,除了实现量子比特的物理原理和实验外,从计算机工程的角度来看,仍然还有很重要的工作要做。我们在哪里放置这些量子比特?如何将它们连接起来?如何控制这些量子比特?与我们设计经典计算机的时间相比,我们在设计量子计算机方面处于更有利的位置:当我们在开发第一台经典计算机时,除了我们的大脑,没有任何工具可以帮助我们去做。但现在我们有非常强大的经典计算机来帮助我们设计量子计算机。所以,开发量子计算机的经典计算机辅助设计非常重要。

量子软件:我们需要有一种写下量子算法的方法,也就是量子编程语言。一旦有了编程语言,我们需要将我们的程序编译成机器代码,所以我们需要一个编译器,需要优化编译器的结果。我们还需要考虑纠错,并优化纠错。当我们有很多量子程序时,我们需要确保程序是正确的,所以存在程序验证问题。

量子软件的灵魂是量子算法。量子算法有很多种,例如,模拟算法、数字算法、小规模设备算法,假设我们拥有大规模量子计算机的算法,用于加快机器学习的算法或用量子手段来进行机器学习的算法,以及我们可能无法给出任何证明的、最终可能会为优化问题提供强大的解决方案的量子启发式算法。我的团队希望在这个领域取得很大进展。

应用：至少有两类应用。量子模拟系统和优化/机器学习问题。要找出量子计算机究竟有没有用并不是一个简单的问题。我们需要探索在哪里有用以及如何改进这些应用。

那么我们如何使量子计算机成为现实呢？我们的投入需要超出物理。我知道在这个房间里物理学家可能比其他学科的专家更多；我看到了一位计算机工程师。除了操纵量子比特之外，其他部分的工作也真的非常重要，（好在）现在有很多很杰出的人在为之努力。

人才在我看来是最重要的元素。我们需要投资教育来培养新一代科学家，同时我们也需要鼓励那些正在研究相关领域并对量子计算产生兴趣和好奇的科学家和工程师，为了共同的使命把他们聚集起来。

我觉得年轻的科学家需要更多的支持，特别是在中国。尽管我们拥有很多经济资源,但年轻人开始自己独立的科研生涯仍然非常困难。我希望看到很多群体,年轻、独立并争取做最好的科学的群体。我现在在公司很支持产学结合,理由很明显。正如我前面所说,我相信应用是技术的主要驱动力,在阿里巴巴我们拥有大量的应用场景。我是一个乐观主义者,我相信量子计算机最终会被制造出来。原因很简单:我们需要量子计算机。只要需要它,并且有资源,它就会发生。时间有限,今天的分享就到这里。非常感谢你们的关注。

施尧耘
2017 未来科学大奖颁奖典礼暨未来论坛年会·研讨会 5
2017 年 10 月 28 日

科学·对话

|对话主持人|

丁　洪　中国科学院物理研究所研究员、北京凝聚态物理研究中心首
　　　　席科学家、未来科学大奖科学委员会委员

|对话嘉宾|

陈宇翱　中国科学技术大学合肥微尺度物质科学国家实验室教授
陆朝阳　中国科学技术大学教授
施尧耘　阿里云首席量子科学家、之江实验室副主任
王浩华　浙江大学物理学系教授

丁　洪：刚才我们听到了两个演讲，都是关于量子计算的事情，下面我们就花40分钟围绕量子计算的问题进行一个对话。我首先介绍一下这四位嘉宾，我旁边是陈宇翱，中国科学技术大学合肥微尺度物质科学国家实验室的教授，第二位是陆朝阳，也是中国科学技术大学的教授，第三位是刚才讲话的施尧耘，阿里云首席量子技术科学家、密歇根大学量子工程与计算机科学系教授，最后一位是王浩华，浙江大学物理学系教授，大家欢迎。

对话让我来主持，那我就班门弄斧，我先说，我本人主要是从事材料物理研究，做超导，做拓扑材料，最近才开始做相关的量子计算的材料研究，现在事实上我自己也有很多的问题，也想请教一下四位量子计算的专家。

第一个问题是问施教授，您刚刚在报告中最开始就是说这个量子计算机是不存在的，但是最后又提到了你是很有信心的，量子计算机是会制造出来的，我想问一下你这个信心来自于什么地方，同样的问题，我一会儿也会提问给其他三位做物理的科学家。

施尧耘：能不能请三位先发言，因为我刚刚已经讲过很多话了。你认为量子计算机是不是会实现？你的信心在于什么地方？

陈宇翱：其实我觉得刚才施老师的报告最后已经给出了很好的回答，就是说我们对于计算能力的需求可以讲是贪得无厌的，我们永远都会觉得不够，既然有需求的推动，物理上又有这种可能性，我认为还是可能实现的。至于说时间上是有可能的，比如说我能不能看到刚刚讲到1024位或者是2048位的量子计算机的出现，在我的有生之年能不能出现，这不好说，但是我相信最多在两三代人的努力下，还是有能力实现的，这是我的观点。

陆朝阳：如果问一个新事物到底能不能实现，我想可以从两个方面来说。第一个方面，是原理上能不能做到。如果能在原理上发现一个问题，导致量子计算机是无法做到的，那这个结论肯定会受到很大的重视。其实在量子计算机发展历史上，确实有过类似的忧虑。例如，1994年，在提出 Shor 分解算法之后，量子计算学术界普遍的担心是，如何克服量子计算机不可避免的噪声和计算错误。后来科学家们提出了一系列的量子纠错算法，在原理上证明量子计算的错误是可以被纠正的。目前，学术界的共识是不存在一个根本性的障碍，使得量子计算机无法实现。学术界随时欢迎质疑，欢迎批评和新想法。这是我说的第一个方面。

第二个方面，我们要关注在技术上的可行性。回顾历史，我们可以看到实验技术有了极大的进步。曾经，比如说爱因斯坦跟玻尔的争论里面用的一些理想模型，一个盒子里面装一个光子并对光子进行称重。他们当时认为，这些理想实验在现实中是做不到的。但是，经过几十年的物理实验技术的进步，我们现在在实验室里面都可以很方便地、可控地制备和操控出一个一个的原子、一个一个的光子。随着技术的进步，很多之前认为做不到的事情，现在都能做到了。看最近的 5 到 10 年，量子计算的发展也有一点这样的进步趋势。曾经我们以为需要 10 到 20 年才能做到的事情，可能在未来的 3 到 5 年就会做到。这是我想补充的两点。

王浩华：我稍微补充一下，刚才两位教授解释得非常精辟了，包括前面的演讲者。我做量子计算的实验研究，以我看到的技术水平，我们做通用的量子计算机要达到容错的阈值，这是非常难的。这里以计算机的发展史作为参考，20 世纪六七十年代的时候没有人能够想到我们现在拥有的集成化水平，集成晶体管的出现变革了一切。量子计算技术的发展也需要类似的时间突破点，现在我们处在量子计算的大框架里面，处于萌芽的阶段，我们做了很多的机理的研究，原理上没有问题，但是如果说我们集成起来，可能达到通用很难。其实施先生在报告最后提出两个近期的应用，那个严格来说不是真正的通用量子计算的课题，是说我们能不能找到一条捷径，比如说量子模拟或者是优化的计算，这在我们现在可见的技术视角里面是可行的。刚才朝阳也说了，5 年，10 年，甚至是几年内，就有可能有突破，有实用的价值，可能会超过经典计算机的能力，这是一个非常值得期待的领域。我就补充这些。

施尧耘：我抬一下杠，也是给自己抬杠，刚才我讲我很乐观，但是我觉得还是有风险。刚刚陆朝阳指出一个风险，我现在再讲一个社会上的风险。我觉得这是一件很难的事情，未来不知道要多长时间才能实现。如果整个社会有非常高的预期，是我们没有办法实现的。我觉得这个东西非常困难，需要非常高的投入，并不是一个企业可以单独完成的。这样一个假设下，如果没有社会的投入，也许我们要进入一个冰河时期，对我来讲非常遥远，是很极限的事情，我觉得确实有这个风险，如何规避这个风险呢？一方面，作为科学家，我们需要进一步准确沟通我们做过的事情，以及我们在这个过程中遇到的困难，这是非常难的事情，而且是一个非常长的征程。而对于社会，我们希望有更好的教育，能够更好地理解和欣赏我们所做的工作。

丁　洪：我接下来问，既然讲到了量子计算，从原理上来说是可行的，是有可能的，说有什么物理的定理来支持量子计算机的出现，又听施教授说这是很难的，如果说量子计算机最后废了，失败了，会怎么失败？以一个什么样的形式失败？这个问题倒过来问，是因为我们器件做不好，做不出来三极管，集成电路做不好？是因为量子纠错的问题？还是说克服不了这个退相干的时间？还是说最后我们做出来了，发现其实它的效率，比如说理论上是很高的，但是因为退相干的时间，最后达不到？我就随便问问这件事，你们怎么理解？

施尧耘：刚才我们已经讨论了失败的可能，什么原因造成的？刚刚提到了在整个社会中，也许预算过程中会发现其他的精妙方式来获得一些差异化，几千年之后可能会成为一种可能。

陆朝阳：我补充一下第二个问题，施老师刚才讲的观点我非常认同。我们希望社会更加理性地看待量子计算，不要毫无证据和逻辑地反对，也不要捧得太高。很多时候，捧杀也是一件危险的事情。

我觉得丁老师提到的这个问题，最终量子计算机研制会失败的概率，我个人认为是非常小的。这也取决于我们对量子计算机的定义。我对量子计算机的理解和期待是，能够造出一个基于量子力学原理的机器来，这个机器能够完成一些有重要科学和经济价值的任务，并且完成这些任务比之前所有的经典计算机都要快很多。这样，我认为量子计算机就是成功的。

我们的研究计划会分阶段、一步一步地走，既有阶段性的成果，又始终朝着最终的宏大目标走。这样可以避免一个现实和期待之间可能存在的落差。现在大家正在努力地朝着这个方向分三步走。第一步，我们希望造出一个机器，作为第一个目标我们并不期望它真正实用，只要在某些问题的求解上比我们的经典计算机快，体现出量子优越性。第二步，我们希望发展专用的量子计算机，能够在一些经典方法难求解的、具有重要科学价值的问题方面给我们一些突破。例如，基于超冷原子的量子模拟机，能够给我们揭示一些复杂的凝聚态物理问题并用于新材料设计。类似的还包括用量子退火机来加速优化问题的解决，用量子玻尔兹曼机来做机器学习和人工智能。第三步，也是最难的目标，我们希望能够实现通用的大规模量子计算机。前面两个目标，科学界总体上是非常有信心的，如果做到了，我们可以认为量子计算机就已经成功了。

陈宇翔：非常好，我稍微补充几句，我比施老师和朝阳还要乐观。施老师担心的是大众对我们的期望值太高，当我们达不到目标的时候，你回过头来看人工智能（artificial intelligence）的发展，也是大家期待，好几十年前的期待很高，一个低谷，又很高，又低谷，最近你看阿尔法狗出来，也是这样的。所以说一个方面，对科研工作者来说，即便是大众一下子对他们的期待进入冰川时期，他们也非常有耐心地继续往前走；而对于大众来说，只要看到了一点甜头，或者是什么，就会激起他们很大的兴趣。所以我认为，也许大众对我们有期待是个好事，会激励我们最终攀到最高峰。

丁　洪：非常好，朝阳讲了怎么样定义量子计算机。我问一个问题，大家有没有看过量子计算机？这个量子计算机到底长什么样？具体的物理形态是什么样的？能做什么？我们输入什么？出来什么？

王浩华：量子计算机到底长什么样子，这是很有意思的问题，包括我们学术界也没有公论。我们有三位做实验的学者，我和我的合作者朱晓波，也是中科大的一位教授合作超导芯片，刚才丁洪老师报告中有一个 10 比特的芯片就是我的合作者制备的。

实际上在我们现在来说，量子计算机到底是由一个什么系统来实现，这是一个存在争议的问题。大家都在齐头并进，大家都想达到第一个目标，展示一个超越经典计算机计算能力的实际的东西。但是目前来说，没有哪一个物理系统有绝对的优势，可能有几个系统走在前面，朝阳的多光子系统，宇翱的冷原子系统，以及我与合作者研究的超导比特，这些系统长得非常不一样，但大家是齐头并进的。但是有一点是可以肯定的，以现在我们所用到的技术，这个计算机将是一个非常庞大的系统。当然我们的经典计算机，最早的那台电子计算机也是非常大的，它依赖体积大的真空电子管，所以占地面积很大。因此我们不太可能在短期内谈到一个集成的、和手机类似的、让大家都可以灵活使用的量子计算机，这是很难的一件事。但是，我想做成一个有一定的编程能力、能展示一些算法或者是做一些实际应用的大家伙，还是比较有可能的事情。我希望未来我们能够用它分析小分子的动力学过程，在药物合成等方面有一些很实际的应用。现在来说这些领域占用了大量的超算资源，如果我们把我们的量子机器做出来，就可以分摊很多超算的负担，计算精度也许会更好，这是很有意义的一件事。这是我的理解。

丁　洪：我看过一个视频讲低倍数的量子计算机，也号称量子计算机，业界有很多人不认为是量子计算机，它看上去像是一个超级计算机，黑黑的、大大的、方方的，但是把门一打开就不是了，里面不是芯片，是制冷机，把这个超导的芯片装成这样子，这是我看到的。当然也提到了十个超导量子比特的事，现在我也列在了我的报告中，加州大学圣巴巴拉分校（UCSB）从 4 个、5 个，你们也在那个组工作过的，4 个、5 个、9 个，后来你们做到 10 个，现在有 16 个、17 个，还有可能是 49 个，这里有一个问题，如何评价中国在量子计算的发展和在世界上的地位？谁先回答？

陆朝阳：我很同意刚刚施老师报告里面说的，"量子计算机的研制不仅仅是量子比特数的问题"。我们在评价的时候，量子比特的数字是一个方面，其实可能更重要的是，我们能够对这些量子比特有很好的操控能力。这个能力的最集中的体现，是能够把这些量子比特全部纠缠起来。多体纠缠是一个非常重要的指标。比如说我们去年做到 10 个光子的全部纠缠。浩华和我们一起合作，今年实现了 10 个超导量子比特，也是 10 个整体的纠缠。但是英特尔最近发布的 17 个超导量子比特是没有纠缠的，其实这在严格的学术界里面是有很大的区别的，当然英特尔没有发表论文，只是在媒体上发布消息，但是公众听起来可能并不知道这里面的一个比较大的区别。

所以我们可以比较有信心地说，至少我国在光子和超导量子比特纠缠的数目上目前处于一个国际一流的地位。在超冷原子方面，也有了非常全面的布局和可喜的进步，这一块宇翱很熟悉。

陈宇翱：我稍稍补充一下超冷原子，体现的是对原子的操控，我们中科大去年的时候，首先探测了 500 多对原子的纠缠，今年我可控的操控是 4 个原子之间的（相互作用），像丁老师讲的，我转一圈会产生任意子的激发，而且可以产生二分之一的，什么意思？最简单的绕一圈和待在原地不一样，会得到一个相位，细节我不讲了，也可以说在超冷原子领域，总的来说不敢讲领先，有些方面在追赶，有些方面起码齐头并进，已经走在了第一梯队，这是我对超冷原子的理解。

施尧耘：首先我觉得中国的科学家非常棒，做得非常非常出色，在座就有三位非常棒的年轻学者。我想大家还需要注意到中国的支持环境远远没有国外的强，比如说在国外各种相关的领域，都有很方便的办法来得到一些器件和技术，有很多事情，我想大家会有更切身的体验，大家会看到这些科学家的成就是在这样的环境里创造出来的，更是非常不容易的。

我想换个角度讲：实现量子计算是非常困难的，需要超越学校、公司、国家等的界限来做。在阿里巴巴，我们很自豪的是，我们的量子团队是国际化的，大家一起来共同努力做一个造福人类的共同事业。

丁　洪：其实不光是阿里巴巴要做，中国有很多的公司，比如百度和腾讯，我们也希望他们跟你们一块儿做。

王浩华：我简单补充两句，冷原子和光子这些系统，我们国内的很多团队，尤其是潘老师的团队做得非常好。超导的情况有一些特殊，国外在这个方面的投入是点面结合，既有很小的实验组在各个点上都有突破，也有大的比如 IBM、Google 等几十上百人的团队。国内的情况相对薄弱，中科大一枝独秀做得很好，但超导量子计算领域相对来说在点上的突破少一些，也就是中科院物理所、浙江大学、清华大学等有限的实验单位，需要再投入。我们看到施先生、阿里的加入，这是非常好的事情。国外 Google 和 IBM 公司的投入非常大，也包括英特尔。关于国际和国内的进展对比，刚刚朝阳说得很正确，英特尔公司发布了一个 17 比特的新闻，但实际上没有测量。如果按照他们的标准，我们也可以发这样的新闻。我们浙大和中科大、中科院物理所在合作攻关，更希望一步一步把比特数提高，并且能够真正操控这些比特达到比较高的水平，再发布这样一个信息，这是我想补充的。

丁　洪：讲到了超导量子比特，讲 17 个，Google 说今年年底发 49 个，有没有可能？王浩华有没有内部消息？

王浩华：对于 Google，这属于商业性的信息，我已经和他们没有任何这方面信息的交流。

丁　洪：但是说 50 个量子比特，就是现在所谓的量子霸权，一旦讲到霸权的话，大家都非常敏感，我们听过霸权，就是核霸权。霸权，一个是别人有，你必须有，不能说别人有了，我们没有，这句话能不能这样讲？能不能这样理解？体现在什么方面？国家层面上是不是需要进行讨论？比如说美国国会，刚刚开完会讨论中国，那么中国方面是不是也该自己讨论讨论？在这个方面能不能展开一下量子霸权的概念？到底是怎么体现的？

陈宇翱：我的理解是 Google 创造出一个 "quantum supremacy"，译成称霸也好，霸权也好，并没有像丁老师讲的核霸权的地位，只是想表达一个什么意思呢？当你超过，不论是 49 个还是 50 个，还是 51 个，只是数字上的意思，表达在某一些特殊的数学问题上进行求解，先不管有没有用，这个问题本身说用我们现有的所有计算能力，即便是天河二号或者太湖之光都没有办法解决，但是我这个可以解出来，是这样的一个问题。它超越了现在所有经典计算的能力，我是这么理解的，并没有像刚刚说的核霸权那样。

陆朝阳：我想补充一点的是 Google 的"量子称霸"的商业宣称目前已经受到了挑战。前两个星期的时候，Google 的竞争对手 IBM 的研究人员提出了一种改进的经典算法，对 Google 的随机量子线路有更快的经典模拟取样速度。所以我感觉 Google 的计划已经受到了挑战。

到底能不能像 Google 之前宣称的那样，令人信服的量子称霸什么时候能够做出来，我们拭目以待。

丁　洪：我们讲得比较热闹，下面人也很多，我相信下面有不少人说你们讲些什么，我都不信，我确实碰到过，我们有不少朋友是做计算机工作的，做工程师的，他们根本就不相信这个量子计算机和量子通信。你们作为这个方面的优秀科学家，应该如何向他们解释量子计算机和量子通信？很多人根本不信，说你违反了图灵机的原理，没有办法编程，不能算计算机，最多是模拟机，你们怎么样向他们解释？

陆朝阳：这个问题我刚刚回答了一点了，分几个层面，第一，如果有人觉得这个原理是错的，可以指出来并且在国际期刊上公开发表结果。第二，在技术上，首先说量子通信方面，如果怀疑其安全性，我觉得最简单的方法就是去尝试信道窃听，不需要口舌争辩，胜负立判。比如目前我们国家已经建立了从北京到上海的量子通信骨干网络，把以前银行需要的异地银行之间的密钥分发，从以前的几个月更新一次变成可以几秒钟更新一次。

学术界非常欢迎怀疑和批判的精神，而且现代科学体系已经建立了科学、成熟的学术争论惯例，即在公开发行的科学期刊上通过同行评审发表学术论文，立足客观证据，逻辑清晰地阐述观点和分析问题。这种符合学术规范的质疑是可以推动科学进步的。

陈宇翱：我也稍微补充一下，刚刚朝阳也提到了叫量子模拟（quantum simulation），有什么关系呢，我只要能解决你之前不能解决的问题，比如说高温超导的例子，还有一些有用的问题，比如说碳捕获或者是氮固化，这些问题怎么样？光合作用很容易地把碳合成有机物并释放氧气，为什么我们做不到这么好的效率？包括可控核聚变，如果有一台计算机能够告诉我们，怎么样能够高效地把这些事做出来，我无所谓叫它什么。为什么叫做量子模拟？历史性原因，这次提出量子模拟的时候，其实就是说用量子的系统来模拟一个东西。包括我们的量子通信开始也受到了质疑，说你们做的是密钥分发，并不是真的量子通信。那么我们做的确实只是用量子方式把密钥分发到所需要的人手上，对于我来说历史上把它叫做阿猫通信也好，阿狗通信也无所谓，我们认了，只要用户有需求、愿意用，我觉得都可以，至于说他们用来做什么事情，我觉得无所谓，对我来说没有关系。

丁　洪：非常好，这么说下来，他们都信了，工程师也信了，学生也信了，信了的话他们就会感兴趣，量子计算、量子信息都非常好，我有兴趣，你们该对他们说什么？如果他们有兴趣的话，该怎么样去做？比如说他们去学习或者是说他们也能参与这项工作。你们有没有什么好的建议？

王浩华：我先说两句。我们在座的五位，四位是物理出身，我还是强调一下物理学对我们很重要，尤其是对量子计算机的研究很重要。量子计算现在处于一个萌芽阶段，研究它需要很多量子力学的知识，这也是物理里面最深奥的理论之一。所以学好物理，才可以理解它的精髓。刚刚施先生也说过，量子计算机不仅仅是量子比特，但是我想说的是，量子计算机建立在量子比特的基础上，我们必须把这个物理的基础做好，在此基础上网罗更多的人才，包括电子工程和计算机方面的人才。但非常遗憾的是我们国内可能对物理教学的重视程度有些弱化，高中教育里物理的比重在降低。

丁　洪：浙江省是有责任的，浙江省的高考，报考物理专业的高中生越来越少。

王浩华：我觉得物理非常重要，至少我们这里有四位嘉宾就是做物理的。施先生能读懂量子力学的文章，我想他的物理应该也是相当好的。我就是强调这一点。

陈宇翔：正好说到了物理，也说到了高考，因为从前，从我上大学开始一直有人给我灌输或者是讨论，21 世纪是生物世纪，然后 22 世纪是化学世纪。之前我跟庄小威师姐他们都讨论过，无论是生物还是化学，各个学科，包括计算机，比如丁老师提到的摩尔定律，追根溯源，去寻根问底的时候会发现不得不考虑量子效应，当你的尺寸达到原子尺寸的时候，必须要考虑量子效应，所以在我来看，丁老师特别让我跟年轻人讲的一句话就是，无论是 21 世纪、22 世纪，还是 23 世纪，永远都是物理世纪，这是我要讲的话。

丁　洪：时间到了，再次感谢各位嘉宾，也谢谢各位出席我们的讲座。非常感谢。

丁洪、陈宇翔、陆朝阳、施尧耘、王浩华
2017 未来科学大奖颁奖典礼暨未来论坛年会·研讨会 5
2017 年 10 月 28 日

第三篇

量子世界：挑落欧姆定律的量子现象和应用展望

通常在导电材料中，电压和电流成正比，比值就是这个材料的电阻，这就是人们熟知的欧姆定律。欧姆定律同时意味着电流的传输会产生热，目前整个微电子产业都面临着发热的瓶颈问题。但是，在超导和量子霍尔这两个奇异的量子现象中，发热问题可以被完全避免，这无疑将为人类社会带来巨大的应用前景。从20世纪80年代开始，有关"量子霍尔效应"的研究成果已数次斩获诺贝尔奖，但关于这一家族中的"量子反常霍尔效应"却一直进展缓慢。直至2013年，清华大学薛其坤教授带领他的研究团队，利用分子束外延技术，在对奇特量子现象的研究中取得突破性发现，在国际上首次实现了"量子反常霍尔效应"。

2016年9月19日，薛其坤教授因其在利用分子束外延技术发现量子反常霍尔效应和单层铁硒超导等新奇量子效应方面做出的开拓性工作，成为首届未来科学大奖物质科学奖得主。

薛其坤 | 清华大学副校长
中国科学院院士
2016年未来科学大奖 物质科学奖获奖者

清华大学副校长，中国科学院院士。2010 年至 2013 年任清华大学理学院院长、物理系主任，2011 年起任低维量子物理国家重点实验室主任，2013 年5 月起任清华大学分管科研的副校长。国际著名的实验物理学家，主要研究方向为扫描隧道显微学、表面物理、自旋电子学、拓扑绝缘量子态、低维超导电性等。发表文章 420 余篇，被引用 13000 余次。曾获何梁何利基金科学与技术进步奖（2006 年）、国家自然科学二等奖（2005 年、2011 年）、第三世界科学院物理奖（2010 年）、求是"杰出科技成就集体奖"（2011 年）、陈嘉庚科学奖（2012 年）、"万人计划"杰出人才（2013 年）、求是"杰出科学家奖"（2014年）、何梁何利基金科学与技术成就奖（2014 年）和未来科学大奖物质科学奖（2016 年）等奖励与荣誉。

超越欧姆定律的物理学

首先，谢谢张首晟非常亲切的介绍。我们俩应该说在过去十多年中结下了兄弟一般的情谊。刚才在他介绍的前半部分，实际上就是在友谊的支持下，我们的实验团队沿着他的理论走下去，最后把他理论的梦想变为现实。这次能获得未来科学大奖的物质科学奖我感到非常荣耀，借此机会我首先对未来论坛、未来科学大奖和未来科学大奖的捐赠者表示衷心的感谢。

今天我给大家汇报的题目是"超越欧姆定律的物理学"。经过刚才张首晟几分钟的介绍，我的报告也不需要再过多介绍。后面我的方向是结合一些图片对他的介绍做二十多分钟的补充。

超越欧姆定律的物理学涉及今天两个重要的科学发现，一是反常霍尔效应，二是高温超导。这两个领域是物理学中从业人员最多、话题最热的，在物理学赶时髦必须赶这两个。

先介绍一下欧姆定律和老百姓之间的关系。欧姆定律是由一个德国物理学家在 1820 年发现的。说的是有一根导线，通过导线的电流应该与加在导线两端的电压成正比，与导线的电阻成反比。电阻的存在大家都知道，可以导致导线发热，导致电子器件发热，所有和电有关的器件都会发热，而且发出的热量等于通过导线的电流的平方再乘上电阻和通电的时间。

欧姆定律是一个非常经典的规律，现在还在用它。对一个材料来讲，它的电阻有多大和材料的类型是有关系的，金、银、铜、铝大家都知道。电阻和材料中的结晶排列有关系，也和材料的类型、外界条件有关，温度高的时候，所有材料的电阻会增大；温度降下来的时候，所有导电的导线电阻一般会减小。如果你加一个磁铁，这个材料的电阻也会发生变化。

这个问题和我们的生活关系非常密切，大家都知道我们每个人都要用笔记本电脑，笔记本电脑一天大概消耗一度电，大概几毛钱。但是全世界有很多人在使用笔记本电脑，如果有 10 亿台笔记本电脑，像刚才张首晟讲到的，电的浪费有 30%，大家可以想象这个电阻发热给人类带来的能源浪费是巨大的。

年轻的朋友都知道，最近国际上评选运行速度最快的超级计算机，其中神威·太湖之光每秒的运算速度超过 10 亿亿次，被评为世界上目前性能最强大的超级计算机。这个计算机很大的一个问题就是发热，为了使它正常工作，每天需要用空调把它发热带来的温度升高降下来。每天用于这台机器制冷的电量是 12 万度。我问了我们学校后勤的老师，清华大学每天所有消耗的电量的 3 倍刚好是这个计算机制冷、维持正常工作所需要的电量。所以尽管超级计算机非常强大，但是因为发热的问题，我们白白地浪费了很多电。

还有一个就是输电。根据 Google 世界地图晚上用电发亮强度的大小显示，可以知道世界上整个用电量的分布情况。2015 年全球发电量大概是 20 万亿度，你想想人口总数就知道，每个人都分享几千度电。中国消耗了全球电力的 1/4。按照平均输电中欧姆定律导致的电消耗是 6% 计算，全球每年由电阻导致的损耗大概是 1.16 万亿度，换算成人民币大概是 0.6 万亿元，正好和 2015 年甘肃省 GDP 相当。所以在电气化的 100 多年中，科学家、工程师需要做的非常重要的一点就是找到更便宜、导电非常好、电阻非常小的金属导线。很可惜的是，尽管做了 100 年的努力，但是由于自然界提供给我们的材料有限，所以基本上输电主要用的是铝，这方面我们的作为不多。

超导和量子霍尔效应的发现使这个情况发生了变化。我先讲讲超导。超导是 1911 年荷兰物理学家海克·卡末林·昂内斯发现的。金、银、铜等金属的电阻随着温度、外界条件的变化而变化，温度降低的时候电阻一般都要降低。那么把它降到绝对零度的话，所有的材料都会停留在一个有限值上，这叫剩余电阻，你去不掉的。但是这位伟大的科学家在测量有毒的汞这个材料的时候，在某一个温度这个电阻没了。用实验室所能有的最精密的设备去测，电阻小到测不到了，最后就变成了一个名词，这个现象就叫做超导。

刚才说的欧姆定律和电阻是成正比的，现在没有电阻了，电阻等于零了，如果把超导体通上电流，它可以永远地运转下去。如果我们发现了室温条件下的超导，那么这个发明将和电力发明一样重要，因为它几乎不怎么用电，用一点点电，运转就可以一直进行下去。从西部的发电厂到北京，几千千米的输电线路中电阻的消耗等于零了。所以室温超导，或更高实用化条件下超导的发现将会大大节省能源，使这个世界的可持续发展有了希望。

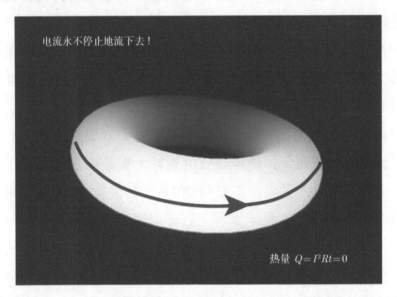

到现在为止，超导的发现已经经过 105 年。在 105 年中超导研究主要有三个方向。一是和"发展是硬道理"一样，提高温度是硬道理。不管物理机制是什么，只要发现温度很高的超导体。二是发现低廉的超导材料。刚才说到的平常的输电都是用的铝、铜，金是所有金属中导电最好的，为什么不用金？金贵。所以降低超导材料的成本是科学家追求的第二个目标。三是为什么电阻没了？有一个经典的曲线，在这个发展过程中有几个重要的关键点，一是对照汞的温度，液氦很贵，要变成超导体需要液氦降温，液氦每升 100 元，我们一天要消耗 10 升，也就是 1000 元钱。空气中有 70%是氮气，氮气冷却液化以后就变成液氮，液氮的温度是 77K，很便宜，每升4 元，相当于矿泉水的价钱。所以我们可以用喝矿泉水的价钱使一个材料达到超导，这就是提高到 77K 体系的重要意义，要是到了室温就更了不起了。

这个现象非常奇妙。在超导研究的 100 多年中，先后有九位物理学家五次斩获了诺贝尔物理学奖，其中一位就是在座的贝德诺尔茨先生，他和米勒先生 1986 年一起发现了陶瓷高温超导材料，1987 年就获得了诺贝尔物理学奖。张首晟，还有后面参与对话环节的嘉宾沈志勋教授，以及昨天参加论坛会议的张富春、未来科学大奖科学委员会的丁洪老师都在现场，他们都对这个领域的发展做出了贡献，都试图理解为什么陶瓷原料会在 77K 以上的温度还能实现超导。

大前天颁发的国家最高科学技术奖获得者赵忠贤先生，就是因为在发现 77K 以上高温超导方面的重要贡献获得了最高科学技术奖。但是三十多年过去了，没人理解或者说正确地理解为什么贝德诺尔茨先生和米勒先生发现的材料在 77K 以上还会超导。

我用去年文章的一段话，直接翻译成中文了。的确至少有 14 位诺贝尔物理学奖获得者，加上成千上万的科学工作者都试图提出理论对这个进行研究，大家都说自己的理论非常好，有时候还是互相矛盾的。大家把 77K 以上陶瓷材料为什么存在高温超导现象，看成是物理学的一场巨人之战。

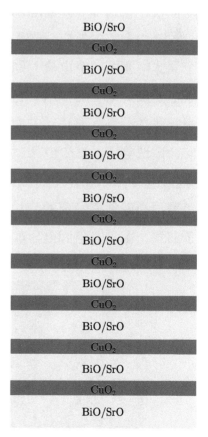

自然，年轻的朋友会问，三十多年来有这么多伟大的科学家，很多人对这个现象着迷，为什么会不理解它？它像癌症一样是不可攻克的难题吗？还是我们的技术路线走错了，或者是有什么点我们错过了？如果你看看这个材料的结构，似乎结构中隐藏着答案。我们拿最普遍的高温超导材料——陶瓷的铜氧化物举例，看它的结构就知道它很神奇，它有一层氧化铜，是超导的；

后面的氧化碘、氧化氟不超导，超导和不超导摞起来就形成铜氧化物高温超导。如果把氧化铜看成三明治的"火腿"，两边变薄了，是不超导的，中间是超导的，把"三明治"摞起来就是你看到的高温超导材料。

仔细看看这个结构，马上给你的一个概念就是：用什么工具能够转到超导方面的性质？能测量出来吗？结构就这么简单，超导非超导摞起来，一个实验室专门测氧化铜超导的性质，这个很难。所以我们需要发展非常合适、正确的工具来测量这个"火腿"——超导氧化铜的性质，再用这个数据去理解。这给了我们一种启示。

第二个霍尔效应，是霍尔 1879 年发现的。下面右边的示意图，在一个导体中通上一个电流，同时在垂直于这个电流的方向再加上磁场，由于电子束的磁场的作用，它在横向也会有电子的积累。我们平常讲的欧姆定律是沿着电流移动方向的，现在由于磁场的作用，在垂直于电流方向会出现电压，这个电压就叫霍尔电压，是由于运动的电子受到磁场外界作用。如果用霍尔电压除以这个方向的电流，就是霍尔电阻，这是 1879 年美国物理学家发现的。加的磁场越大，霍尔电阻、霍尔电压越大。画条曲线，霍尔电阻和电压加上磁场是呈线性关系的。

霍尔效应：1879

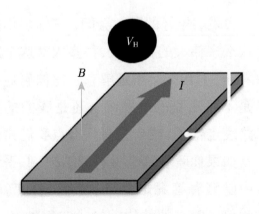

整整 100 年以后，在座的物理学家冯·克里津先生又重复了这个

实验，但是把样品换成了我们熟知的、做笔记本电脑都用到的硅这个材料中的二维电子气，他发现了两个反差模式。这个效应非常伟大，这个图一般人可能看不懂，我简单讲三点。

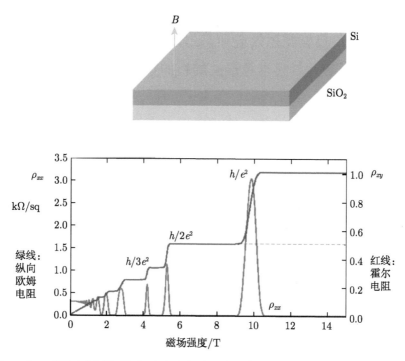

第一点，刚才谈的霍尔电阻和电压是与磁场有线性关系的，右边的红线，电阻是平的，原来的霍尔效应的物理机制在这里不适用了。第二点，平台所在的位置可以精确地把它变成一个物理学常数，被正整数 N 整除，这无比神奇。他发现平台电阻的大小，物理学常数和正整数有关，和这个材料一点关系都没有，这非常神奇。这背后使我们想到，有制约自然界基本规律的东西存在，所以非常值得研究。第三点，电阻变成像超导一样非常低，是零，就是绿线，红线是平台的地方，对应的绿线的电阻像超导一样消失了。从这三点来讲可以想象，量子霍尔效应就是重复 100 多年前的实验，换了一个样品的实验，结果导致了这个神奇的现象出现了，欧姆定律不能解释。

刚才讲的三点，这个现象吸引了非常多的人像对高温超导一样，都想理解这个东西。现在我就整体再回顾一下。1879年霍尔先生发现霍尔效应，他第二年还做了另外一个实验，把刚才讲到的非磁性导体换成磁性材料，结果在没有外加磁场的情况下他发现另一个效应——反常霍尔效应。反常霍尔效应和霍尔效应机理不一样，关键是不需要外加磁场，是靠磁性材料本身产生的新的物理现象，这是1879年、1880年发生的两个故事。

刚才谈到1980年，冯·克里津先生发现量子霍尔效应。1982年有三个物理学家把样品又换了一下，换成砷化镓，就是刚才用到的激光笔的半导体砷化镓，就发现了分数量子霍尔效应。结果三年以后，冯·克里津先生获得诺贝尔物理学奖。1998年发现分数量子霍尔效应的三个科学家，施特默、劳弗林、崔琦先生，再次获得诺贝尔物理学奖。很多年轻的朋友都知道石墨烯，2005年有两位英国物理学家发现石墨烯半整数的量子霍尔效应，2010年再次斩获诺贝尔物理学奖。

2016年诺贝尔物理学奖第一位获得者索利斯先生，为了解释量子霍尔效应这个现象，为什么它是一个正整数，提出了拓扑的概念，因此他获得了诺贝尔物理学奖。所以在霍尔效应及量子霍尔效应研究过程中，由于刚才我提到的让你感觉非常着迷和非常神奇的现象，有很多人获得诺贝尔物理学奖。

提到1881年霍尔先生用磁性的材料不需要外加磁场也能实现霍尔效应，你自然会好奇地问有没有反常霍尔效应的量子化、量子反常霍尔效应呢？

2016年诺贝尔物理学奖第二位得主、普林斯顿大学的霍尔丹先生在1988年提出一个模型，他在最近的论文中指出这个模型在实验中可能非常难以实现。结果最后在2008年左右，张首晟先生在这一点上取得了关键的一步，提出了让我们实验物理学家能在实验室进行实验的材料和机制，那就是在磁性掺杂拓扑绝缘体中实现量子反常霍尔效应，最后我们取得了成功。实现他们理论预期的量子反常霍尔效应是一个非常有挑战性的工作，我们要按照他们的理论做出有磁性的、拓扑的、绝缘的、不知道厚度的薄膜。所以我们把这个实验形象地比喻成一个人既跑得很快，还有劲儿，还非常灵巧。这样我们就需要强大的工具做出来。

下面我就讲讲我们用到的工具：分子束外延（MBE）和扫描隧道显微镜（STM）。分子束外延是 20 世纪 70 年代由贝尔实验室的卓以和先生和阿瑟先生发现的，他们提出在原子尺度上构建材料的工具。有了这个材料，我还要知道这个材料是什么样的，在原子尺度上长什么样。1981 年瑞士的两个科学家发明了扫描隧道显微镜，他们获得了 1986 年的诺贝尔物理学奖。扫描隧道显微镜的发明使我们在原子尺度上有了检查量子材料好坏的非常强大的工具。我从研究生阶段就跟随在座的陆华先生，以后又到日本的东北大学跟樱井先生学习场离子显微镜、扫描隧道显微镜、分子束外延。我回国以后还把这个技术和角分辨光电子能谱进一步结合起来，不但有了制备材料的强大工具，还有了完整地表征材料性质、特别是原子尺度上的性质的强大工具。最后我们就实现了材料在原子尺度上达到极致的控制。

大家看看后面这张图，这张薄膜是原子级的平滑，放大以后会看到一个个的原子，一个杂质都没有。

最后，在 2012 年 12 月 6 日我们团队和我们物理系的王亚愚老师、中国科学院物理研究所的吕力老师一起合作完成所有的实验。

Bi_2Se_3：二百万Bi原子/三百万Se原子（关键）

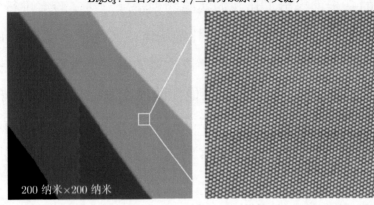

200 纳米×200 纳米

另一个是全新的想法。如果第一个实验是在张首晟还有理论物理学家的指导下做出的，这个就是我在长期做半导体的实验中对高温超导产生的兴趣，对发现的陶瓷材料产生的兴趣。我在原来诺贝尔物理学奖的基础上，有了鱼与熊掌兼得的想法。这个想法当时我不确定，我还特别请了北京大学的谢心澄老师和中国科学院大学卡弗里理论科学研究所的张富春老师，他们是这方面理论的专家，让他们给我指教。我花一小时介绍我的想法，最后他们告诉我：你的想法我们不敢认同，但你的勇气是值得夸奖的。所以我们又坚持了四年，用我刚才谈到的强大的工具做成了原子尺度上的单层铁硒薄膜，用的衬底就是钛酸锶。结果，在这个薄膜上发现了一个让我们感觉有可能实现液氮温度以上的超导的信号。

最近的一个重要进展，是刚才我提到的那一摞三明治中的"火腿"，我也把它做出来了，而且得到的结果与我在 2008 年所预期的是一样的。

最后北京大学的王健、上海交通大学的贾金锋，还有下面的沈志勋教授，都在这个领域初步证明了这是一个在液氮温区附近的、尽管还需要进一步证实的新的高温体系。1986 年发现陶瓷高温超导材料以后，在一个单层薄膜中，有可能是第二个这样的体系。给我的感觉似乎是，争论了三十多年的高温超导机理很快从问号变成了感叹号。

有很多伟大的物理学家，他们发现、发明了强大的工具——分子束外延、扫描隧道显微镜、光电子能谱、角分辨光电子能谱。又有很多物理学家，像贝德诺尔茨先生、冯·克里津先生等发现了很多神奇的现象。我们这个团队就是利用这些强大的工具去研究这些重要的问题，在这个基础上，在张首晟他们的理论指导下，最终实现了没有磁场的量子霍尔效应，即量子反常霍尔效应。

由于我表达能力的欠缺，通过这个简短的介绍不能为观众充分地展现物理有多美，但是我还是想说物理是极其之美的。如果科学家在这个方向继续努力，我想我们会对自然界认识得更加深刻。我们可能会发现很多材料，使我们的能源消耗更少，我们的世界会变得更绿色环保。消耗的电少，我们的世界也会更加可持续发展，更加安全。所以只要我们努力地研究这些现象，不但会了解自然界的未知，我们的未来也会变得更美、更辉煌。

最后感谢我的合作者、我所有的学生、我的伙伴们，还有国家的支持，感谢未来论坛，谢谢大家！

薛其坤

首届未来科学大奖颁奖典礼暨未来论坛年会

2017 年 1 月 15 日

神奇的量子世界

　　作为首届未来科学大奖的获得者，我感到非常的荣耀和激动。在我正式演讲之前，我想首先代表我本人和全国广大的科技工作者，向未来科学大奖的捐赠人、未来论坛的设立者以及为未来科学大奖辛勤工作的科学家委员会表示衷心感谢！未来论坛和未来科学大奖的设立，体现了你们的历史担当。这是你们为中华民族科学发展做出的一个壮举，是你们营造积极向上科学氛围的力作。我们国家正处在建设科技强国、从第三世界迈进第一世界的关键时刻，而你们从事的事业开创

　　此篇文稿与上一篇文稿是薛其坤老师同一主题不同场合的演讲，内容有部分重复，为了保持演讲内容的完整与连贯，重复内容不做删减。

了一条道路，十年、二十年或三十年后有可能成为一个里程碑事件，它是中国科学界、中国企业家、广大中国人走向自信的一个标志，让我们记住这个历史时刻。

今天我演讲的题目是"神奇的量子世界"。第一，介绍一下量子世界的基本概念和我们研究量子世界所需要的一些基本工具；第二，向大家展示一下量子世界的神奇和微妙；第三，是一些感想和简单的展望。

● 量子世界的基本概念

我们对每天生活的宏观世界都非常了解。描述宏观世界的经典物理学规律就是牛顿力学，即牛顿三大定律，其中最重要的是牛顿运动方程 $F=ma$。F 是宏观物体受到的力，m 是它的质量，a 是它的加速度，加速度可以写成宏观物体在某一个时刻的位置 x 对时间的二阶导数，这是非常简单的微分方程。如果我知道了这个宏观物体在任何时刻受到的力 F，通过对简单的微分方程进行积分，就可以得到宏观物体在任何时刻的位置。比如 $T=0$ 的时刻我们在北京，过一段时间我们来到上海，知道了力的情况，我们就能把每一个时刻这个宏观物体所处位置精确地确定下来。这就是为什么火箭、航天飞机的运动会被精确地控制，主要利用的就是这个运动方程。这个规律告诉我们，从出发点北京到达上海，其运动的轨迹一定是连续的，因为每一个时刻的位置我们都是知道的。

在经典世界还有一个电磁学的经典规律，就是欧姆定律。欧姆定律是说，一根导线中通过的电流 I 与加在导线两端的电压 V 成正比，与导线电阻成反比。这个电阻会导致导线发热，发热的热量 Q 等于电流的平方乘以电阻和用的时间 T。导线电阻越大，消耗能量越多，所以我们一般会选择比较便宜且导电性能比较好的铜做电线。金导电性能很好，电阻非常小，但是金很贵，都用来给女士们做戒指了。但到了量子世界，这两个规律就不适用了，其物理量比如说刚才我提到的位置不再是连续的变量。按照量子力学的基本规律，从北京到上海，我们只能允许人出现在济南、南京、上海，不能出现从北京到济南再到南京的任何一个地方。那这个电子怎么到达上海？通过空间的穿越。这时候牛顿运动方程不再起作用，而是波动方程起作用。

20 世纪 20 年代，若干个物理学家的共同努力，造就了 20 世纪三个重大科学发现，其一就是量子力学。建立量子力学的物理学家们共收获了三次诺贝尔奖。大家可能熟悉 20 世纪另一大科学发现：相对论，这是科学大师爱因斯坦提出的。他在 1921 年的时候获得了诺贝尔物理学奖，但这个奖不是奖励他在相对论方面的贡献，而是奖励他解释了光电效应。光电效应是一个与大家熟知的太阳能电池、光伏电池等有关的物理现象，爱因斯坦在解释这个效应时首次提出光是量子化的，最小的单元就是一个光子，光波的能量也是分离的。

1905 年，爱因斯坦大胆地提出了光量子假说

所以在量子的微观世界里，很多物理量、很多操作器件用的参数

都和经典世界不一样，会出现一系列奇妙甚至诡异的现象。第一个是电子穿墙术。在量子力学上这叫电子的量子隧穿，电子的流动不再遵守欧姆定律。这些神奇现象还包括我获得未来科学大奖的内容之一即量子霍尔效应，以及超导、超流等。超流不遵守一般的流体运动规律，它没有黏附力。如果用超流的液氦做一个游泳池，我在里面永远不能移动。当然我可以摆手，但是我的质心、我的位置永远停在那个地方，因为没有摩擦力。如果放一个圆盘让它转起来，在超流液氦里它会永远不停地转下去。

● 研究量子世界的"金刚钻"

我们已经用奇异的量子现象做出强大的实验工具。1981 年的时候，瑞士的两名科学家 Binnig 和 Rohrer 利用电子量子隧穿发明了扫描隧道显微镜（STM），5 年之后在 1986 年他们获得了诺贝尔物理学奖。这个扫描隧道显微镜给我们提供了观察微观世界最明亮的眼睛，我们可以看到原子。中国有句古话，意思是想玩瓷器活，必须有金刚钻。微观世界很小，大部分情形看不见、摸不着，你想研究微观的量子世界，必须有合适的工具，扫描隧道显微镜就是这样一个工具，它依据的原理就是非常诡异的电子穿墙术。

下图是扫描隧道显微镜的示意图。上面有一个探针，是导电的，下面是研究的物体，也是导电的。我把探针和研究物体连起来加上一个电压，如果探针前端和研究物体不接触，即断路的情况下，就没有电子的流动。但如果探针最前端到研究物体表面的距离缩小到 1 纳米以下，电子就会穿越真空（断掉的空间相当于铜墙铁壁）到达下面的研究物体。电子开始有流动了，而且其电流与针尖和研究物体之间的距离呈指数关系——距离每变化 0.1 纳米，电流会变化一个量级。所以当探针在物体表面上扫描时，如果这个地方缺一个原子，探针和研究物体表面的距离就会变大一点点，电流马上戏剧性地降低，如果扫描的那个地方多一个原子,探针和研究物体表面的距离会变小一点点，我们也能测到电流的变化。扫描隧道显微镜利用的就是电子穿墙术这一非常神奇的量子现象。我们用这个仪器可以看到物体表面上一个个原子，知道它是怎么排列的，还可以把原子像建房子的砖头一样随便摆来摆去。美国 IBM 的 Donald Eigler 用 35 个氙原子拼出了"I""B""M"三个字母，还用 48 个铁原子摆出非常漂亮的圆。STM 是开创纳米时代非常重要的科学和技术研究工具，也是我的主要实验工具之一。

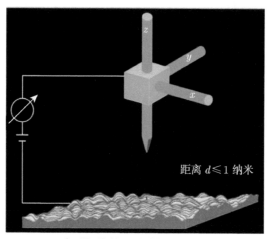

距离 $d \leqslant 1$ 纳米

扫描隧道显微镜示意图

大家知道，信息技术高速发展到今天，最根本的就是材料。只有做出高质量的半导体材料，我们才能在量子世界有所作为。如果材料不可控，我们的研究就会变得不可控，电子器件的性能也会变得不可控。半导体材料到底多纯才算纯？ 99% ？ 99.9999% ？在量子世界，我们追求材料的纯度是无止境的。1998 年的一个数据说明了集成电路用到的硅材料，其导电性随着它杂质浓度的变化情况。10 亿个硅原子排列成晶体，如果中间不小心有一个杂质，相对于绝缘的硅，其电阻会变化三个量级，达到 3000 倍的变化。这要求我们研究量子世界时对材料的控制要达到非常高的水平，这需要非常强大的制备量子材料、探索量子世界的实验工具。这方面我非常熟悉的工具之一就是分子束外延（MBE）技术，这是 20 世纪 70 年代，由出生于北京的华人物理学家卓以和先生和他的同事 J. Arthur 先生在美国贝尔实验室发明的。我在写一篇科普文章时曾引用过战国辞赋家宋玉的一句话："增之一分则太长，减之一分则太短；著粉则太白，施朱则太赤。"量子世界多一个原子嫌多，少一个原子嫌少。用分子束外延技术可以在量子世界大有作为，我们可以做出最高质量的薄膜样品，做到化学成分的严格可控。

我从 1992 年开始学习扫描隧道显微镜和分子束外延技术，二十多年来一直在这个领域里学习、探索并有所发展，后来我还学习使用了另一个强大的工具——角分辨光电子能谱(ARPES)。把这三种非常顶尖的技术在超高真空里结合，就有了超高真空 MBE-STM-ARPES 联合系统这一更强大的武器，使我们研究量子世界时有了金刚钻。我们利用分子束外延，对研究的材料样品达到了原子水平的控制。我们还知道它是否达到了我们想要的结果，因为有最明亮的眼睛——扫描隧道显微镜。而且，它的宏观性质可以用角分辨光电子能谱进行测量、判断。

● 量子霍尔效应的概念

有了强大的武器，作为一个科学家你要做什么呢？像未来科学大奖瞄准科学上的皇冠一样，我希望用最强大的武器攻克最难的科学问题。2005 年，我选择了凝聚态物理中非常重要的两个方向，即拓扑绝缘体和高温超导。让我们回顾一下过去。1879 年，美国物理学家霍尔发现了霍尔效应，就是在磁场下，材料的霍尔电阻随着磁场变大会线性增加的效应。你加的磁场越大，电阻会越大，这叫霍尔效应，它是外加磁场造成的。如果把这个材料换成一个磁性材料，用材料本身的磁场也会产生霍尔效应，因为它不需要外加磁场，原理不一样，这叫反常霍尔效应。这是霍尔在一年多时间里发现的两个重要现象。1980年，德国物理学家冯·克里津在研究集成电路硅器件时发现了整数量子霍尔效应，这个效应再次展现了量子世界的奇特。

大家可以看下面这张图，刚开始整数量子霍尔效应和霍尔效应一样，是线性变化，磁场越大，霍尔电阻越大。但是，当磁场达到一个值的时候出现了一个平台，在这个平台上，加磁场以后霍尔电阻不发生任何变化。霍尔效应不是一个经典、正确的真理吗？怎么加磁场时在这个平台上电阻不发生变化了呢？这就是量子世界的奇特现象之一。更加奇特的是，这个平台对应的霍尔电阻的值，是一个物理学常量（即普朗克常量除以电子电荷的平方）乘以一个正整数。这太奇怪了，为什么呢？你每换一个材料，它的所有性质就会发生变化，比如电阻、比热容、密度、硬度等都会发生变化。但在这个平台上，霍尔电阻只与物理学常量和正整数有关，换任何一个材料都一样。这说明这个现象后面一定对应着一个非常广泛和普适的规律，跟材料没有关系。你能举出任何一个性质跟材料没有关系的例子吗？它在这里出现了。德国科学家冯·克里津因为整数量子霍尔效应的发现获得了1985年的诺贝尔物理学奖。包括华人物理学家崔琦先生在内的三位美国物理学家因为发现分数量子霍尔效应获得了1998年诺贝尔物理学奖。英国科学家安德烈·海姆和康斯坦丁·诺沃肖洛夫因为在2005年发现了石墨烯中的半整数量子霍尔效应，获得了2010年诺贝尔物理学奖。量子霍尔效应涉及一个基本的物理量，就是磁感应强度，只有加磁场才会出现这个平台，出现量子霍尔效应。这个磁场非常强，要10特斯拉左右，产生这个磁场所需的仪器比人还高，造价几百万元，所以要达到量子霍尔态需要非常昂贵的仪器。刚才我讲的是霍尔电阻出现了量子化，但是欧姆电阻在量子霍尔态下等于零。欧姆电阻会造成器件发热，如果处在量子霍尔态时欧姆电阻变成零，这不是开创了一个发展低能耗器件、发展未来信息技术非常好的方向吗？但是，昂贵的强磁场仪器使其很难投入实际应用。

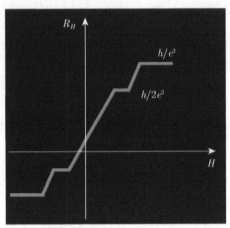

整数量子霍尔效应示意图

你自然会问，刚才提到有反常霍尔效应，它不需要外磁场，靠材料本身的磁场就能造成霍尔效应，能不能实现反常霍尔效应的量子化？ 2013 年，我们清华大学的团队，与中国科学院物理研究所以及斯坦福大学张首晟教授合作，一起在反常霍尔效应的量子化上获得了重大的实验发现，实现了量子反常霍尔效应。

● 量子反常霍尔效应与超导现象

我们回想一下，在发现霍尔效应的 19 世纪末，我国正处在半殖民地半封建社会，基本上没有现代的科学研究。在发现量子霍尔效应的 20 世纪 80 年代，我国进行了改革开放，但那时我们在高级的实验技术方面还比较缺乏，不能赶上量子霍尔效应研究的大潮。2013年，我国经过三十多年的改革开放，再加上国家对科学的重视以及对科学技术投入的增大，才使得我们有了科学利器，做出这样的成果。

2016 年的诺贝尔物理学奖授予了在 1983 年提出拓扑相变和拓扑物态理论的三位科学家。在 10 月 4 日诺贝尔评奖委员会的详细介绍中，把量子反常霍尔效应作为拓扑物质相最重要的发现写进去了。

虽然量子反常霍尔效应不是沿着当时的理论框架做出来的，但这次它作为最重要的拓扑物质相或者拓扑物质态被写在上面，说明我们的实验工作水平已经达到了这个地步，也可以说我们的实验发现大大地推动了理论科学家拿到诺贝尔奖。

2005 年，我的实验室已经有了非常好的技术条件，这时候，华人物理学家张首晟和其他美国物理学家直接把拓扑物质相的材料，在 20 世纪 80 年代的工作基础上，通过另一个途径提出来了。他们从理论上发现了拓扑绝缘体以及磁性拓扑绝缘体。什么是拓扑绝缘体？拓扑绝缘体也是一种很神奇的量子现象，它就像一个陶瓷碗上镀了一层非常薄（大概 1 纳米厚）的导电金膜。有意思的是，这个金膜你弄不掉。你用刀刮掉这层金膜，它马上会自发地产生新的金膜。你把它打成碎片也没用，它还是存在。除非把这个材料彻底分解成原子，否则这一层金膜会永远附在陶瓷碗表面。磁性拓扑绝缘体则更神奇，通过在材料中引入磁性，我们可以把陶瓷碗大部分的金膜自动去掉，只剩下边缘部分，但边缘上的金膜也是弄不掉的。

2005 年这一理论提出时，我们并没有关注。2008 年我们进入这个领域，是因为意识到它非常适合于我们的分子束外延技术。由于我们有好的实验技术和二十多年的积累，

绝缘体　导体　拓扑　磁性拓扑
　　　　　　绝缘体　绝缘体

拓扑绝缘体与磁性拓扑绝缘体

很快做出了成果。我的好朋友张富春教授在 2009 年 6 月组织了新前沿科学方向的拓扑绝缘体论坛，邀请我去介绍我们的初步结果。正好张首晟也在这个会议上——他一直在寻找合适的实验合作者。因为这次会议，我们两个人从理论和实验上建立了密切的合作，最后实现了量子反常霍尔效应的发现。2008 年，我们建立了精确控制化合物拓扑绝缘体化学组分的分子束外延生长动力学；2009 年至 2010 年，

我们证明拓扑绝缘体表面态（即刚才讲到的那层金膜）受时间反演对称性保护和具有无质量狄拉克费米子特性；2011 年至 2012 年，我们制备出刚才谈到的磁性拓扑绝缘体；2012 年 10 月，我们发现量子反常霍尔效应，12 月完成所有实验，2013 年 4 月发表文章。量子反常霍尔效应最大的挑战是要制备出有磁性的、有拓扑性质的、绝缘的薄膜，而且我们不知道薄膜该多厚。这就好比要求一个人跑得像博尔特那么快，同时还要非常有力量并拥有体操运动员的技巧。此外，还有其他挑战。我们为了做量子反常霍尔效应的测量（用宏观电子设备进行测量），需要在 1 立方厘米的物体上生长 5 纳米厚的非常均匀的薄膜。这是个技术活、工匠活，它相当于做一张 200 立方千米的纸。我们把纸做得很均匀没问题，甚至把纸做得像房间这么大并且很均匀，也没问题。但是做出像北京市面积这么大的纸，而且门头沟区和朝阳区的厚度完全一样，这就不容易了。我们用分子束外延技术克服了一系列挑战，做出了这个材料。

由于一系列的挑战，我们即使起点非常高，还是花了四年多时间才实现了量子反常霍尔效应。从 2010 年到 2011 年，一年之内电阻几乎是零，样品全部是导电的。我们要实现的量子化电阻应该是 h/e^2，它对应的电阻值是 25812 欧姆。功夫不负有心人，由于我们的坚持，2012 年 10 月 12 日那天转机出现了。那一天我因为实验没有进展，情绪不好，提早回家了。22 点 35 分，我刚停下车，学生的短信就来了："薛老师，量子反常霍尔效应出来了，等待详细测量。"郁闷一下子消失得一干二净，我一晚上兴奋得没有睡着觉。当时测量的温度是 1.5K，后来我找到以前在中国科学院物理研究所工作时的同事吕力老师，他有温度低到几十毫开的仪器。把我们的材料放到这个仪器里进行测量，两个月之后实现了量子化。我当时比较有信心，知道某一天会实现目标，就提前买了瓶非常好的香槟酒。那天，所有实验完成后，团队所有成员一起照了张相。虽然学生们用的是纸杯子，但里面装的是最好的香槟。

研究团队庆祝量子反常霍尔效应的实现

量子反常霍尔效应是不需要外加磁场的量子霍尔效应，它提供了一个不需要外加磁场的欧姆电阻等于零的信息高速公路。我们平常的电子器件，像晶体管，如果变得非常小，那里的电子就会像交通拥挤的路口的汽车一样。处在量子反常霍尔效应里的电子，则会像高速公路的汽车一样按照自己的轨道勇往直前，绝对不走回头路，所以，量子反常霍尔效应为未来信息技术的发展提供了全新的原理，使我们可以做出低能耗的量子器件，还可以用它和超导一起做量子计算。

超导现象也是非常奇特的量子现象，1911 年由荷兰科学家海克·卡末林·昂内斯发现，两年后他因这个重大发现获得了诺贝尔物理学奖。大部分材料降温的时候电阻会一直下降，但绝大部分材料即使降到绝对零度，依旧剩有一点电阻。某些材料降到某个特定的温度（转变温度）时，电阻会变成零，这是超级导电，即超导。在这里，欧姆定律不适用了，而且它有完全的抗磁性。如果我们用超导体做一个圆环，通上电，一直使它处于超导态，这个电流会永远地流下去。因为电阻等于零，按照欧姆定律，产生的热量也等于零，发热的问题就解决了。

如果在室温下实现了超导，意味着电子器件一旦供上电就永远不用管它。室温下的超导将和电的发明一样重要。科幻电影《阿凡达》里的高山实际上就是室温下的超导体，所以它可以浮起来。导线没有电阻了，所有的电子器件和输电线路都会大大地降低能耗。超导领域曾五次收获诺贝尔奖，1913 年、1972 年、1973 年、1987 年和 2003 年。

超导研究总体的路子，就是怎么提高材料达到超导状态的温度。大部分材料达到超导状态，需要温度非常低，一般是液氦温度（4K）以下。如果材料工作在液氦温度，制冷要耗费非常大的能量。77K 是一个非常重要的温度点，它是液氮温度。如果你找到了 77K 可以实现超导状态的材料，把材料泡到液氮里，就能实现综合的应用。液氮很便宜，每升 4 元。提高超导转变的温度，是超导专家梦寐以求的目标。1986 年，瑞士 IBM 研究实验室的德国物理学家 J. Georg Bednorz 与瑞士物理学家 K. Alexander Muller 发现了超过 77K 的高温超导现象，获得了第二年（1987 年）的诺贝尔物理学奖。但是，高温超导现象的科学机理是什么？三十年过去了，成千上万的物理学家都在这个领域工作，提出了很多理论、模型和想法，大部分非常有意思，但是互相矛盾，这个问题到现在还没解决。

2008 年的时候，我们刚刚了解一点高温超导。忽然有一天，我产生了一个想法，可不可以鱼与熊掌兼得，解释 77K 下的超导现象？但是我不确定，因为我对高温超导了解得不多。我邀请了两个好朋友，北京大学的谢心澄老师和当时在香港大学的张富春老师，并选择

科幻电影《阿凡达》里悬浮的哈利路亚山，山体中的室温超导矿石
Unobtanium 通过排斥行星的地磁场来实现其自身悬浮

6 月 6 日这个比较吉利的日子向他们汇报我的想法。当时报告的封面写着"Joke or Breakthrough"——究竟这是个可能出现的突破，还是一个笑话？听完后，他们说想法可能很好，但没有实验证据没人相信，因为这个想法有些离奇。结果我们又花了四年时间，2012 年在《中国物理快报》发表了鱼与熊掌兼得的东西：在 $SrTiO_3$ 衬底上成功生长出了 FeSe 薄膜，并在单层 FeSe 薄膜中发现可能存在接近液氮温度（77K）的超导转变迹象。我们制备出的材料质量非常高，而且有一个非常大的超导能隙。后来的很多实验都表明，这是 1986 年发现 77K 以上的铜酸盐氧化物后第一个高温超导物质。虽然还需要进一步证实，但我们确实开创了一个新的前沿。

● 生命不息、想象不止、追求无涯

我非常荣幸能成为未来科学大奖的第一个获奖者，这为我以后的发展注入了核反应堆一样的动力。虽然我已经五十多岁了，但我现在的心年轻了二十多岁，我会继续努力。量子反常霍尔效应和高温超导这两个成果的获得，我有以下几点体会：第一，要有高超的、甚至炉火纯青的实验技能；第二，作为优秀的物理学家，要有优秀的学术前沿把握能力，率领团队进行攻关；第三，要有刻苦的工作作风；第四，因为牵扯到不同的测量，你需要拥有优良的团队精神。最后，要想做更重要的追求科学皇冠上明珠的科学家，你要有敢于创新的魄力和勇气。虽然我当时挑战权威的理论想法最后没有完全被证实，但是，敢于从现有的知识范围内产生一些完全创新的思想，你还是要有点勇气的。否则，你可能被大腕们打下去，然后精神就起不来了。当然，这要建立在前面四项的基础上，没有功底和水平，光有勇气，不是胆大妄为就是无知无畏。

今天，我试图用半小时向大家展示量子世界是多么奇妙，以及它对我们未来的技术和国家的经济发展将起到的重要作用。最后我做一下展望：量子世界一定还存在许多未知的奇妙现象，这些奇妙甚至诡异的现象可能远远超出我们的想象力。但是，只要我们敢于想象、乐于好奇、善于挖掘，也许若干年后它们就会华丽转身，出现在灯火阑珊处，甚至会造福我们，使我们的技术产生变革，使我们国家的科技变得更加强大，甚至使人类的生活变得更加美好。所以，我们生命不息、想象不止、追求无涯！

薛其坤

理解未来第 22 期

2016 年 10 月 15 日

科学·对话

|对话主持人|

丁　洪　中国科学院物理研究所研究员、北京凝聚态物理研究中心首
　　　　席科学家、未来科学大奖科学委员会委员

|对话嘉宾|

贾金锋　上海交通大学教授
谢心澄　中国科学院院士、北京大学讲席教授
薛其坤　清华大学副校长、中国科学院院士、2016 年未来科学大奖物质
　　　　科学奖获奖者
张富春　浙江大学物理学系教授

丁　洪：首先我提问薛老师，刚才你提到超越欧姆定律的两大量子现象，第一个是你发现的量子反常霍尔效应，第二个是超导现象，这两个现象虽然看起来前景非常好，但是目前的应用还是有瓶颈的，主要的问题是温度要求非常低。你说1.5K还不够，还要做到0.03K才能最后确定量子反常霍尔效应，你们把铁硒上的超导温度提高到77K，但是室温是300K。我想问，你认为什么时候这两个现象有可能进入室温时代？

薛其坤：刚才丁老师问到的这两个问题，不管是量子反常霍尔效应还是超导，如果做到室温，我想这都是整个物理学界重大的科学问题。如果要我做一个预想，我不知道是十年还是二十年，也许是三十年。需要我们科学家继续努力，深度理解高温超导的机理，如果我们理解了为什么它会达到这种状态，我们就有可能在材料和实验技术上接近这一目标，按照我们的理论去解决这个问题。所以，在超导的机理上还需要花很大的努力，这个也存在着不确定性，如果科学上不首先突破，现在预期哪一年应用走向室温，还是很难的。这需要国家和我们这方面的专家继续在这个领域做基础研究，试图了解为什么在这么高的温度下超导还能实现，电子还能配对，这是很基本、很重要的科学问题。

丁　洪：非常好，我们相信如果它能进入室温，虽然非常难，但若成功的话，肯定能进入我们千家万户，进入各种行业，特别是进入半导体产业。半导体产业现在最大的瓶颈就是发热问题，要挑战摩尔定律。

第二个问题我想问一下谢心澄教授，因为谢心澄是做理论的，我提一个比较理论的问题，对于我们三位做实验的来说比较难的问题。今天薛老师也在他的报告中提了，今年的诺贝尔奖一周前才宣布，获得诺贝尔物理学奖的三位理论物理学家，提出的拓扑相变和拓扑相也跟薛老师做的工作息息相关,特别是他做的量子反常霍尔效应实验图,验证了获奖者之一的实验模型,我想问什么是拓扑?什么是拓扑相变?什么是拓扑相?这跟量子反常霍尔效应有什么关系?

谢心澄:拓扑实际上原来是一个数学的概念,数学上研究一个物体可以把它变来变去,有什么不变的特性,这是数学上拓扑群最重要的概念。举个例子,矿泉水瓶子和茶杯,你发现它们俩有一点不同,茶杯有一个把手。有把手和没有把手有什么区别?多了一个孔,多了一个洞。这个在拓扑上来讲,茶杯和矿泉水瓶子拓扑特性不一样。它们作用差不多都是用来喝水的,但是拓扑特性不一样。反过来,有的东西,比如一个面包圈,跟茶杯作用是不一样的,但是它的拓扑特性是一样的。一个茶杯你可以慢慢让它变形,变成一个面包圈,唯一不变的东西是都有一个洞在那儿。从拓扑上讲,有一个洞我们称之为一,有两个圆环套在一起可以叫二,拓扑上用某一个数描述这个特性,这个数总是一个整数。

薛老师提到不同的实验、不同的样品、不同的条件,为什么都这么准?因为我们实验上测量的物理量和数学拓扑学连在一起。如果是一个茶杯,有一个洞在那,"一"这个事实是不会随着变化磨灭掉的。量子霍尔效应是第一次把数学上研究的拓扑量和物理观测的量直接连在一起。它有一些应用,刚才丁老师提到,由于这个特性,电阻可以等于零,它没有能耗。还有一个利用拓扑特性的可能,目前为止还只是可能的应用,就是所谓的拓扑量子计算或者叫量子拓扑计算,大家听说过量子计算,量子计算要保持量子的特性。量子特性不容易保持,我们日常生活中碰到的事情不需要量子力学就可以解释,经典力学就可以了。如果是量子的拓扑态,刚才我们讲到量子霍尔效应,或者薛老师的量子反常霍尔效应,它的量子特性比较容易保持,变磁场或者变其他的东西的时候,平台一直在那,量子态一直保持在那里,这个拓扑量子特性,现在物理学家也提出来,用它做量子计算机是比较可行的方案。

丁　洪：现在请贾金锋教授回答一些问题。我们前面也听到了拓扑相现在可以拓展到研究前沿，事实上到了拓扑材料，包括拓扑绝缘体、拓扑半金属和拓扑超导。特别是拓扑超导，现在被认为可能被应用到量子计算机。作为拓扑超导的专家，您觉得什么是拓扑超导？为什么拓扑超导体能够应用到量子计算机呢？

贾金锋：谢谢你的问题。超导体和其他的绝缘体一样，可以通过内部性质分为两类，一类是普通的超导体，另一类是我们所说的拓扑超导。其实所有的东西都可以分为拓扑和非拓扑的，包括研究物理的物理学家，也可以分为拓扑和非拓扑的。比如丁洪教授几年前还是拓扑平庸的，自从研究外尔半金属后就变成拓扑的了。拓扑超导的性质有点特别，其实体内性质跟普通超导体一样，没有电阻的，但是奇妙的地方跟薛老师刚才讲的一样，就在那层皮上，它也是类似于镀了一层金，这层皮不像金一样导电，而是上面有一种粒子，这种粒子就是我一直在研究的马约拉纳费米子。它有一个非常奇妙的特性，不遵守一般费米子的统计特性，这个费米子可以用来做拓扑量子计算，因为它有拓扑性。谢老师刚才讲的拓扑性可以使量子性质保持得更长久，更容易保持，所以它用来做量子计算会带来一系列的优势，比如相干性可以保持很长，而且它容错，这个被认为是将来能够实现量子计算非常好的途径。因为马约拉纳费米子刚刚被证实，这部分研究刚刚开始，我估计如果得到充足的支持，人类在五年之内或许能制出拓扑量子比特，如果五年以后还能有更好的发展，我觉得二十年或者三十年之内，我们能够用到量子计算。

丁　洪：你说五年也好，二十年也好，可能走向实用，我想问这五年、二十年中什么是最关键的，是不是需要投资家多投资一点？需要做实验、做理论的多花一些工夫？

贾金锋：这是肯定的，我刚才说了，这方面的研究刚刚开始，所以投入肯定是需要的，但是最关键的问题还是人的问题。如果有更多这方面的年轻人才加入进来，我相信会实现得更快一些。

丁　洪：我听说 Google 这方面有很大的投资，我希望中国企业界和投资界更加关注，甚至投入量子计算。张富春教授去过世界各地，从中国内地、瑞士、美国、中国香港，又回到中国内地，回到浙大，将来要到北京来，他一直做超导做得非常好。我们知道超导有一百年的历史，1911 年发现之后，到了 1957 年被三位理论物理学家解决了。我们刚刚听了薛老师的报告，1986 年出现神奇的铜氧化物，做成了高温超导，高温超导也是世界的难题，也是所谓物理的巨人之战。巨人之战三十多年有这么多争论，张老师您作为高温超导界的专家，特别是一个著名理论的提出者，觉得高温超导最难在哪儿？有哪些突破口？高温超导跟低温常规超导有什么本质的区别？

张富春：高温超导刚才薛老师也说了，1986 年底发现的，到现在有三十年了，它的机理还有很大的争论。我在 2003 年时，跟凝聚态物理的大师安德森——他是 20 世纪 70 年代的一位诺贝尔奖得主，还有另外四位理论物理学家写了一篇文章。我们有一个基本的高温超导理论，用通俗的上海话说，一个阳春面理论，讲高温超导最基本的东西，虽然不是全部，但给出了一个解释。有些人同意我们，但是也有人并不认为如此，现在仍然是一个有争议的题目。今后解决的话需要有一个途径，我们要从理论角度设计一些实验，检验看到底怎么回事。我另外讲一点室温超导。对室温超导在理论上是没有限制的。超导转变温度之所以受到限制，是因为有其他物态竞争。我想这是一个现实的问题。解决的方法，我认为今后应该用人工来做，自然界很难找到室温超导，但是我们知道了里面的奥妙以后，是不是可以把做材料的实验科学家、做计算的物理学家，与我们一些理论想法，三者结合起来。这方面的接触要进一步加强，我想我们还是有很好的机会解决这个问题。

丁　洪：谢谢张老师，现场我们提几个问题。

观众提问：非常感谢各位教授带来精彩的讲座，我想问薛其坤教授一个问题，您所发现量子反常霍尔效应所带来的拓扑绝缘体，比如我们要做一个半导体芯片，可以完全消除焦耳热的损耗，相当于欧姆定律的发热。但是仍然有一点解决不了，它不能突破 Landauer 极限，但是半导体专业发展又有摩尔定律，指数翻倍是很吓人的，后面人类对于数据计算的计算量需求是非常大的。现在互联网上每年数据传输量增长 80% 多，基本上到每年翻一倍的程度了。对于这样经典 Landauer 极限的制约，几十年以后人类会遇到这个问题，您对这个有什么见解？未来量子计算对于人类突破 Landauer 极限有什么作用？

薛其坤：你提的第一个极限我同意它是存在的，我们谈的不是完全遵从现有的基本规律，现有的电子器件由于本身原理的问题，会产生一些多余的电能消耗，现在量子反常霍尔效应的原理，有可能使我们多余消耗的热量和能量降下来，本身信息处理需要的基本能量总是要要的，现在就是我们如何把多余的、由于我们器件不完美消耗的能量降下来，这是很大的进步。至于将来，我想信息技术可以通过我们和今天四位伙伴合作研究得到发展。大家都知道在未来世界科学和量子世界的发展是无限的，你不知道哪一天发生一个重要的效应，这个效应会整个儿变革性地改变我们现有的技术。虽然我们不会天天考虑直接走向应用，但是我们通过研究给未来应用提供大的，甚至是不可想象的空间，这需要有一部分科学家在实验室坐下来好好地努力，发现这些新奇的东西，这些东西有可能对未来产生重大的影响，我们不能每个人都很功利地想到明天的事情，还要有一点对科学追求的精神。

观众提问：非常感谢各位科学家给我们展示了一个神奇的量子世界，我的问题关于科技成果转化，刚才听到科学家们讲，现在基础理论到应用的阶段需要二十年，我想问一下薛教授，我们现在的研究成果到什么情况下才具备科技成果转化的条件？我们现在做了很多研究，是不是需要进一步推进才能到转化的阶段？谢谢您。

薛其坤：谢谢你的问题，拿量子反常霍尔效应作为例子，我们现在实验室做到 1.5K 可以实现纯粹的量子化，如果我们再提高几度，到了 4K，4.2K，对一些特种器件可以考虑开发应用了。大家都知道我们医院里用的磁共振成像，我们体检都离不开它，对于一些特殊的应用，即使它比较昂贵我们也得用它，虽然它不会走入每个家庭。特种设备在量子反常霍尔效应 4K 就可以应用。至于走到大规模的应用，我们从来没有想到用量子反常霍尔效应晶体管代替平常的晶体管，你想杯子发明了好几千年，我们还得用陶瓷做杯子，量子反常霍尔效应加强以后会大大地补充我们现在的信息技术，未来会出现一些另外的应用、另外的器件。好比以前我们没有触摸屏，现在有了触摸屏，量子反常霍尔效应给我们提供了新的发展途径。

观众提问：各位科学家你们有没有怀疑过你们设计的理论是错误的，研究用的理论工具是错误的吗？如果你南辕北辙，乘坐的车子不对，方向不对，再怎么努力都不会达到你的目的。我认为现在所有科学家用的研究都是在笛卡儿三维，我用六维坐标得出结论跟你们完全不一样。

丁 洪：作为理论首先是个假设，理论是对还是错，最后要实验检验，我们从不认为我们提出的理论一开始就是对的，只是一种假设，最后被实验证实了才是正确。像这一次诺贝尔奖，得到了像薛其坤这样实验的证明，证明理论是对，比如牛顿定律对，只是说它在某种情况下，在宏观世界，在运动速度足够小的时候才是对，在高速下我们要用相对论，在微观世界我们要用量子力学，你说的肯定对，我们三维现在是三维，如果有六维，你的六维理论也有可能对。再次谢谢四位嘉宾。

丁洪、贾金锋、谢心澄、薛其坤、张富春
理解未来第 22 期
2016 年 10 月 15 日

第四篇

寻找幽灵粒子

1929 年，德国科学家外尔最先提出了外尔费米子——预言中的幽灵粒子。86 年来，人类在实验中从未观测到它的存在。直到 2015 年，中国科学院物理研究所在这项艰辛而漫长的寻找之旅中率先取得了突破。丁洪小组利用同步辐射光束照射 TaAs 晶体，使得外尔费米子第一次展现在世人面前。在坚实而玄妙的物理大厦里，外尔费米子将会给我们的世界带来哪些改变？丁洪研究员给我们详述了外尔费米子的前世今生。

丁　洪 | 中国科学院物理研究所研究员
北京凝聚态物理研究中心首席科学家
未来科学大奖科学委员会委员

外尔准粒子的发现

　　非常高兴能来未来论坛讲座，今天是第 10 期，我到这儿听过七八次，每次听到开场白都非常激动，我一直在想科学家讲什么，在座的都是一些企业家、投资家、思想家、管理者，甚至还有官员。我想说做科学在中国现在进步非常大，但中国缺乏的可能是一种科学精神的提高，所以这个平台把各界都聚集在一起，做一个很好的宣传，做一个很好的科普。这对于中国科学精神和科学素质的提高是非常重要的，希望论坛以后越来越好。我今天非常有幸讲一下我们今年以来发现的外尔（Weyl）费米子。

　　今天我的报告题目就是"外尔准粒子的发现"。

谁是外尔？外尔是 20 世纪伟大的数学家、物理学家和哲学家。他是大数学家希尔伯特的学生，并且是希尔伯特教授职位的继任者。20 世纪 30 年代因不满纳粹的行径，他接受了普林斯顿高等研究院的邀请，当时跟爱因斯坦，还有一个做计算机的冯·诺依曼，组成了当时普林斯顿高等研究院著名的流亡科学家的三人组合。曾经有人评价过外尔，诺贝尔奖获得者 Wilczek 是这样评价的："大多数现代科学家只专注在一个或几个窄的领域，外尔不同，他俯视整个世界。"

1928 年的狄拉克方程解释了电子，还预言了正电子，据说还是外尔建议狄拉克可能有两个解，另外一个是反粒子。1929 年外尔提出一个无质量的狄拉克费米子可看作是两个带相反拓扑电荷的外尔费米子。但这个方程暗示宇称不守恒，宇称不守恒是杨振宁和李政道发现的。杨振宁在 1986 年评述："我现在讲一下外尔做的另一个重要工作，一个是规范场，另一个是外尔双分量中微子理论。他在 1929 年一篇非常重要的文章中创立了这个理论，作为一个满足大多数物理规律的数学解。

狄拉克方程、外尔方程

量子力学+相对论

狄拉克方程(1928)4×4

$$\begin{pmatrix} \hat{E}-c\sigma\cdot\hat{\boldsymbol{p}} & 0 \\ 0 & \hat{E}+c\sigma\cdot\hat{\boldsymbol{p}} \end{pmatrix}\psi=mc^2\begin{pmatrix} 0 & I_2 \\ I_2 & 0 \end{pmatrix}\psi$$

$$E(k)=\pm\sqrt{k^2+m^2}$$

预言了正电子！

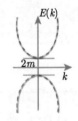

有质量的狄拉克费米子

外尔方程(1929)2×2

$$H(\boldsymbol{k})=\boldsymbol{k}\cdot\boldsymbol{\sigma}=\begin{bmatrix} k_z & k_x-ik_y \\ k_x+ik_y & -k_z \end{bmatrix}$$

无质量的狄拉克费米子：可看作是两个带相反拓扑"电荷"的外尔费米子的重合。

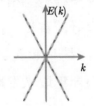

无质量的狄拉克费米子   H.Weyl,"Electron and gravitation,"Z. Phys. 56, 330 (1929)

但后来他和其他物理学家拒绝了这个理论,因为它不满足左右对称性。但在 1957 年我们发现左右对称性并不是严格成立,人们马上意识到外尔这个理论应该被重新重视。之后理论和实验都证明他的这个理论给出了中微子的正确描述。"外尔很追求美学,他曾经说过一句话,"我总是试图将真实与美丽结合起来,但如果我不得不做出选择,我一般会选择美丽。"他说他认为不对称是不美的,但是自然界有的不对称也是一种美。所以从 1938 年到 1998 年的 60 年中,绝大多数物理学家认为中微子是外尔费米子,但在 1998 年发现中微子有振荡,意味着中微子有微小质量。外尔费米子作为无质量的解,有质量就否定了外尔费米子的属性。到目前为止,在宇宙中还没有发现真正的外尔费米子基本粒子,在这层意义上人们把它称为幽灵粒子。在固体材料中,我们发现一种准粒子,遵守外尔方程,可以认为是外尔费米子。我们可以想象固体材料也是一个宇宙,它有亿万个电子,通过相互作用形成一种决定其母体材料性质的"准粒子",这些准粒子与基本粒子可能满足相同的物理规律,比如 2004 年发现的石墨烯就具有无质量狄拉克费米子的"准粒子"。当时在物理界最重要、最激动人心的就是它有一个相对论效应是无质量的,后来应用也很多,有了应用就授予诺贝尔物理学奖,这个结构看起来有一个锥,两个锥顶在一起,这就是无质量的模式,它带有无质量的二维狄拉克费米子。

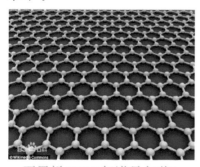

石墨烯(2010 年诺贝尔奖)

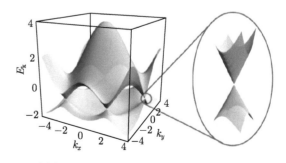

石墨烯能带结构无质量的二维狄拉克费米子

接下来引申一下，谈一下我对准粒子和基本粒子的一些看法。也许基本粒子，比如质子、电子、光子等，就是宇宙"真空"相互作用产生的"准粒子"，它们也体现出这个宇宙的集体性质。假设有很多宇宙，我们看着另外宇宙中也许有不同的准粒子，就是不同的质子、电子和光子，会有不同的光速，这个有点像量子场论的延伸，这种层次上凝聚态物理和高能物理可以"统一"。正如凝聚态物理学家安德森在1962年首先意识到超导体中的一种有能隙的元激发可以用来解释宇宙中基本粒子的质量起源，希格斯在这个基础上于1964年提出具有相对论的理论，并预言希格斯玻色子的存在。希格斯发现了宇宙中为什么有质量，这种层次上高能物理借鉴固体物理的想法，当然固体物理也借鉴非常多的高能物理的想法。

再进一步说准粒子与基本粒子的启示，比如说物质的起源，这里我主要引用文小刚教授的理论，这个理论在将近十年前提出来，当时提出来信的人不多，但现在成为物理界的一个流派。这个理论叫弦网真空理论。弦网是链条，组成弦网产生振动就可以产生光子，辐射出去的光子，两点产生电子，光子和电子怎么来？涉及粒子的起点和物种的起点。

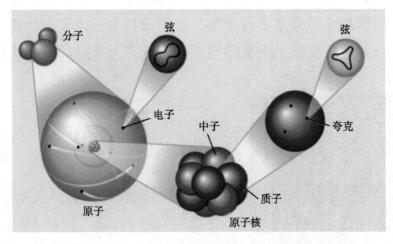

费米子和玻色子是以两位科学家命名的，都是狄拉克为了纪念这

两位科学家而命名。它们的区别一目了然。我们认为费米子自旋为半整数，它遵守费米-狄拉克统计。玻色子自旋为整数，遵守玻色-爱因斯坦统计。费米子包括所有夸克与轻子（如电子），和任何由奇数个夸克或轻子组成的复合粒子，如质子、中子。玻色子包括光子、胶子、W玻色子、Z玻色子、希格斯子和引力子。费米子遵守泡利不相容原理：两个全同费米子不能占有同样的量子态。玻色子不遵守泡利不相容原理：多个玻色子可以同时占有同样量子态。正因为费米子要占体积，它具有有限体积，这就组成现在宇宙中的物质，有体积还有硬度，这个桌子很硬，都是由费米子组成。玻色子传递作用力，使得费米子能够联结在一起。光子-电磁力，胶子-强相互作用，W、Z弱相互作用，希格斯子不是给力，是给质量，引力子提供万有引力。在宇宙中从数学上可以证明费米子有三种：不带质量的外尔费米子、带质量的狄拉克费米子、粒子与反粒子相同的马约拉纳费米子。今天我就讲一讲外尔费米子。

我今天还需要提到拓扑，拓扑学可以延伸到拓扑材料。拓扑与整体构造相关，这两个带的拓扑性是严格区分的，作为0和1，现在计算机做的0和1不严格，低于1伏电压算0，高于3伏电压算1，有时候中间就不严格。从圈变成一个球，不能连续变化，中间必须过一个奇点，奇点就会出现特殊的量子，可能用途就是会产生一些新的量子现象。比如在拓扑绝缘体的表面上，电子像高速公路上向两个方向行驶的车一样是分开的，在一起的话，电子之间或者车之间碰撞非常厉害，分开的话，各行其道，互不混杂，这样它的传输和电阻损耗都会减小。

我今天还讲一下量子纠缠。对于一个由多个相互作用子系统组成的量子系统，只能设定描述整个系统的量子态，不能独立地设定描述其子系统的量子态。这里我们不知道每一个粒子的自旋方向，只知道有一半自旋向上，也有一半自旋向下。但是一定要知道，比如说左边这个是自旋向上的，右边这个一定是自旋向下，这个之间可以分开很远，右边两个粒子分开非常远，只要知道一个粒子的状态，另外一个的状态以前是不知道的，现在马上就知道了，这就带来一个问题，所谓非定域性，就是EPR（Einstein-Podolsky-Rosen）谬论，怎么可能瞬间传这么快，是否意味着有超光速的传播，这就是爱因斯坦反对量子力学的非常重要的一个依据。现在发现事实确实如此。这样做就有好处了，只要知道我这里是什么状态，在很远的地方他也知道了，就是两者是纠缠起来的，这可以用于量子加密通信。第5期的时候在同样的论坛潘建伟讲过量子加密和量子通信。现在有人认为量子纠缠的纠缠度与时间的方向有关系，为什么从过去到现在到将来，为什么不倒过来走，为什么只记得以前的事情，记不住明天的事情，有可能跟纠缠有关。

下面讲一种材料——外尔半金属（WSM），它内部带有无质量带手性的电子。晶体中电子"有效质量"的起源：电子态有两种"手性"，左手+右手。左手与右手电子态的耦合导致了"有效质量"。外尔半金属："左手"与"右手"电子态在动量空间分离，导致无质量的电子，因此可能无损耗地传输。我们做固体物理、做凝聚态物理的最高追求，就是改变材料中间电子态的基本属性，超导配对，是把电子从费米子变成玻色子，这样就可以做成无体积，费米子有体积，玻色子无体积。带负电的电子通过正电的原子核，使两个电子中可以产生有效的吸引力，这样的话两个电子半整数自旋放在一起成了一个整数的自旋，就成了一个玻色子，就会产生超导，就有很多超导应用。外尔半金属使手性分离，从狄拉克费米子变成外尔费米子，导致无质量。

我前面提到手性，到底是什么手性，我们来看左手和右手，左手和右手不能重合起来，只有在镜子中间重合，几何上就是这样定义的。

物理上怎么定义手性？物理上认为有一个量，如果做一个旋转，比如说光，对于圆偏振光，偏振指电场和磁场光，电场方向做螺旋，跟光传播的方向比有两种可能性，一种叫左旋圆偏振光，一种叫右旋圆偏振光，从一个方向看向前走，从另外一个方向看向后走，好比你在马路上开车，开得比别人快，你认为慢的车是向后走的。手性跟速度方向是耦合的，速度方向不确定，你的手性就不确定，低于光速的手性是不确定的。具有手性也就意味着光速，意味着无质量，这就是说无质量就是代表手性。

生命体中也带有手性。化学中发现带有手性的分子，一个左旋，一个右旋。这种分子组成了氨基酸，只有左旋氨基酸组成我们的生命体，右旋为什么不能组成生命体？这个就有很多解释，其实也没搞清楚。有两个解释比较奇特的，一个是恒量的光带圆偏振，对于左旋和右旋氨基酸吸收不一样，对形成行星的星云照射不一样。另一个认为是与弱相互作用的宇称不守恒相关。我觉得很不可思议，《自然》杂志登出五个最难实验，有一个实验就是测量这个的实验，因为我们谈未来的，想象力比较宽，感兴趣的可以探索一下。

前面讲的中学物理水平可以听懂，后面讲的可能需要大学物理水平才能听懂。我们从结构上分绝缘体和金属，中间还有一个所谓半金属，半金属能隙重叠在一点上。我们把拓扑概念再引入的话，相对绝缘体就有拓扑绝缘体，对于金属来说有一个拓扑半金属，可以从狄拉克半金属破坏对称性来得到外尔半金属。

我讲一下我们的材料 TaAs，这个材料的外尔属性先由理论学家来预言，理论中发现有可能有所谓外尔节点，看作是磁单极，红色是南极，蓝色是北极，可以看出 12 对。实验上怎么看？有三个重要的标志，第一个是手性奇特性，导致了负磁阻效应；第二个是费米弧；第三个是看到 12 对外尔节点。这三个标志都于 2015 年被两个团队实验，直接观测到。他们是中国科学院物理研究所的团队和美国普林斯顿大学的团队，两个团队竞争非常激烈，现在双方都承认是独立和几乎同时发现。

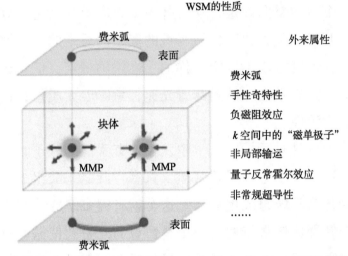

WSM的性质

外来属性

费米弧
手性奇特性
负磁阻效应
k空间中的"磁单极子"
非局部输运
量子反常霍尔效应
非常规超导性
……

首先叫手性奇特性，如果只有一个外尔节点，后果就是电荷不守恒，我们一直说电荷守恒，电荷不守恒很奇特。如果有一对两个分开的外尔节点，一个外尔节点产生电荷，另一个外尔节点消失电荷，虽然总体电荷守恒，但这样两点分离就会产生负磁阻效应。金属有费米子，半金属也有费米子，费米子有体积，就像水装在球里面，球面越大，费米面大小跟装进去多少电子有关，所以它有一个体积。如果用平面切它，结果是什么？一切肯定是个闭环的圆。外尔半金属表面怎么会有一个不闭环的费米弧呢？这个怎么来的？这里是两个学术的解释我就不讲了。第一个跟拓扑性有关，我讲一个近似的，你想想用面切这个球，面不是平的，有一个折度，这么一切，球下部切了一半，上部也切了一半，这样有两个弧，上下面重合就成了一个球，这和费米子有体积的属性相关，也跟面要折一下有关，可以认为是从一个拓扑的角度去理解。

费米弧我们也提到过，在一些高温超导体中，当温度降低闭合费米面就会断开，高温超导费米弧到底是什么，现在也没有解释清楚，这个费米弧和现在要讲的外尔半金属费米弧不一样。怎么观察到费米弧？我们用的是角分辨光电子能谱，原理是光电效应，爱因斯坦获诺贝尔奖解释过这个效应，X 射线打进去，把电子打出去，这样知道电子是什么态。这就需要有光，而且光要非常好，好的 X 射线现在用同步辐射，同步辐射就是环形加速器，上海有一个很好的同步辐射光源。我们在上海光源建了一条线，称之为"梦之线"，是世界上分辨率最高、能区最宽的同步辐射光束，2014 年 10 月到 2015 年 6 月是调试期间，我们利用这 8 个月发现了外尔费米子。

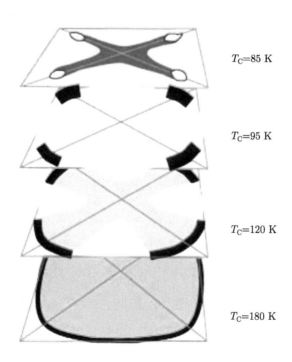

2013 年 9 月，方忠、戴希理论小组的翁红明意识到 TaAs 家族可能是外尔半金属；2014 年 7 月，该理论小组对 TaAs 中可能存在外尔半金属态进行的理论证明获得突破；2014 年 7 月，陈根富小组开始了材料制备的工作。经过几个月的努力，成功生长出 TaAs 系列的单晶

样品；2014 年 10 月，"梦之线"通过了工艺验收，开始试运行阶段，我们就开始测量 TaAs。2015 年 1 月初，样品质量得到提高，我们小组从实验数据上找到了费米弧存在的确定证据，于 2 月中旬在网上登出文章公布结果，并同时投稿第一篇文章；1 月 31 日微信给饶毅：Eureka！2015 年 2 月底，吕佰晴去瑞士光源测量到 TaAs 体态外尔锥形电子结构，于 3 月底在网上登出文章公布结果，并同时投稿第二篇文章；2015年 7 月、8 月，两篇文章分别在 *Physical Review X* 和 *Nature Physics* 发表。如果要问两个组（中科院物理所和普林斯顿大学）谁先谁后，因为它不是一步测到，还要有两个证据、三个证据等来证明，中间仔细看有些交替，有些我们领先，有些他们领先，总体来说几乎是同时。

我们测出来的芯能级和表面态与计算所得还是非常相像的，包括费米弧，放大一看确实外面像弧形，计算也是一个弧，仔细比较确实是不封闭的费米弧。还可以从数学上证明，一个不封闭的弧形，通过封闭的曲线，交点是奇数，如果两个封闭弧形相交必须是偶数，要么就是两个或者再复杂一点可能是四个。如果是奇数，中间存在一个弧形是不封闭的，我们从数学上可以证明。最后把整个费米弧怎么样连接的方法弄清楚了，这就是我们第一篇文章最主要的结果。

第二篇文章，表面态知道了，体态外的 12 对点是不是能找到？找到的话就会像两个狄拉克锥分开，我们就去做，做的时候确实发现了，实验的结果拟合上去就是这样的两个锥，关于这一对锥总共发现了 8个，称为 W1，W2 有 4 个也发现了。总结起来，发现了两个重要的证据，第一个是表面上有费米弧，第二个是体内有 12 个外尔锥，这样我们就发现了外尔费米子。

讲一下到底有什么用。我只好借那句话：100 年之后再来问。其实人类的发展，特别是近代的发展，与科学发展特别是物理学的发展非常相关，第一次工业革命看到对于机械运动、运动态的理解，以及对牛顿物理的理解。第二次工业革命看到对于电磁态的理解，就是热力学和电磁学的发展。接下来是统计力学，知道分子态和原子态。20世纪发现量子力学，这样电子态和光子态就出现了，导致半导体的出现，导致芯片和计算机、激光等一系列的发明，导致互联网的出现，都是用物理学的方法。对于电子态来说有三个：电荷、自旋和轨道。以前叫电荷电子学，现在有人提自旋电子学，还有人提轨道电子学，有外尔费米子是不是有手性电子学？有没有可能？确实有可能，有人提出手性电池的想法，外尔半金属放在磁场下面，可能会产生电流，可能做一个量子放大器可以测量极其微弱的磁场，这是两种想法。

最后我感谢一下合作者。将近一年合作者非常多，中国科学院物理研究所我们组和其他合作组有很多学生和老师参与到这个发现中。

谢谢大家。

丁 洪
理解未来第 10 期
2015 年 9 月 12 日

第五篇

量子飞跃

自古以来，人们对世界充满了各种美好的想象。比如在《西游记》中，就有"千里眼""顺风耳"等著名的神仙，以及"天上一日、地上一年"的想象，还有孙悟空所拥有的"分身术""筋斗云"等超凡的能力。随着近代物理学的发展，"千里眼""顺风耳""天上一日、地上一年"等想象都已经得到了物理学的验证，那么"分身术"和"筋斗云"是否一样也能实现呢？答案可能是量子力学。

潘建伟 中国科学技术大学常务副校长
中国科学院量子信息与量子科技创新研究院院长
中国科学院院士
2017年未来科学大奖物质科学奖获奖者

从神话传说到哲学到现代信息技术

　　相信在座每一位都读过吴承恩的《西游记》这本书。我第一次读这本书是上小学的一个夏天，看了之后对几件事印象深刻，其中有"天上一日、地上一年"的说法，意思是天上的时间过得非常慢，神仙过一天我们一年就过去了。小说里有两个大家都非常喜欢的神仙，千里眼和顺风耳，千里眼是千里之外发生的事情他能看到，顺风耳是千里之外发生的事情他能听到。当然最吸引我们的是孙悟空，他有两个比较大的本事，其中一个是分身术，可以在很多地方同时出现。另外，他一个筋斗可以翻十万八千里，在一个地方突然消失，在另外一个地方突然出现。现在的手机、电视机，某种意义上讲实现了千里眼和顺风耳的概念。

■ 顺风耳、千里眼　　　　　　　　　　　　　　　　　　电动力学!

Maxwell

建立电动力学(1864)

贝尔发明电话(1876)

Hertz

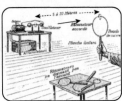

发现无线电(1888)

贝尔德发明电视(1926)

神话传说的物理实现

　　我估计每个人都听说过爱因斯坦的相对论,这是 20 世纪最重要的物理发现之一。另外一个重要的物理发现是量子力学。相对论基本上是爱因斯坦一个人建立起来的,量子力学有很多科学家的贡献。量子力学告诉我们在某种意义上可以实现孙悟空的分身术和筋斗云。

　　在经典世界,我们某一时刻只能在某一个城市,不能同时出现在两个城市。而在量子世界里我们却可能存在某一个特殊的状态,客体同时可以存在于很多个地方,就像孙悟空的分身术一样。这个怎么理解?我举一个例子,这个例子在某种意义上是比较精确的,或者在我看来是可以最精确表达量子叠加的概念。假如说我到法兰克福旅行,完了要回到北京,这时候假定有两条航线可以飞,一个是从法兰克福经过莫斯科到北京,另一个是从法兰克福经过新加坡到北京。我在坐飞机的时候睡着了,到北京之后我正好见到中国科学院的丁洪教授,他到机场接我,问我从哪边过来?我醒来之后感到体内又冷又热,两种感觉交集在一起,莫斯科通常比较冷,新加坡比较暖和,我醒过来这两种感觉同时存在,这样我就搞不清楚了,我可能从两边同时过来。

丁洪教授说你别胡说八道了，下一次你要醒着，睁大眼睛看到底是从哪边过来的。我为了检验上一次感觉没有错误，又坐了一万次飞机，我每一次都会认真看我究竟从哪里飞过来。我发现有随机的 5000 次是从莫斯科飞过来的，感到寒冷；5000 次是从新加坡飞过来的，感到暖和。我又开始坐飞机，又坐了一万次，每次都睡着，最后我醒来的时候发现也总是处于这种冷热交加的状态。宏观世界里尽管我在睡觉，别人可以看到我从哪边过来。但是微观世界里，就会存在这样的现象，当你没有看到粒子从哪边过来时，在某些特殊的状态下会处于这两种状态的叠加，它是属于 0 和 1 状态相干叠加。

这里告诉我们的是，量子世界里，量子客体状态会被你的测量所改变，这里它的哲学意义也非常深刻。通常我们测量一个东西的时候，可以把这个客体精确的信息全部测到，不会影响到它的状态。但在量子世界里，你只要测量它，就会改变它的状态。我这里愿意跟牛顿力学比较一下。牛顿力学有非常强大的应用，知道了力，知道了初始条件，整个体系什么时候演化成什么样，可以用计算机算出来，可以精确地预言星体运行的规律，任何单个物体的运动，每天生活中可以精确地预测，但这就意味着决定论。但是量子力学的原理却不是这样的，你测量一下就对状态产生了影响，状态从你测量完了之后重新开始演化，也就是说量子力学告诉我们你的行动会影响到世界演化的进程。

讲了量子叠加原理之后，我们讨论一下到底什么是量子？量子非常简单，每天在空气中飘着的很多你看不见的氧分子等颗粒就是量子。量子可以说是构成物质最基本的单元，它是能量最基本的携带者，具有不可分割性。比如原子，它总是一颗一颗的，不存在二分之一氢原子、三分之一氢原子。分子也是这样，一杯水细化到最后也变成一个颗粒，水分子也是一个一个的。光子也是一样的，它是构成光能量的最小单元，激光笔里大概每秒钟发出来的能量是 10^{18} 个单光子。

这样一来我们可以看一下，经典信息论认为一个比特就是 0 和 1 的状态，量子比特不仅可以处于 0 和 1，甚至可以处于 0+1 的状态，这种状态就是我刚才分析过的冷热交叠的状态。在物理上怎样实现？光在传播时可以会沿着水平方向，也可以沿着竖直方向振动，这样的振动状态称为光子的极化，可以代表 0 和 1 的状态。对于光子极化，不仅可以处于 0+1 的状态，甚至可以处于任意的 0+1，这两个系数只要归一就可以。如果这个状态事先你不知道，我们测量它会测不准，即如果状态首先是不知道的，你不可能通过测量把这个状态的信息全部揭示出来，从而把这个状态进行精确的复制，这就跟我们信息里的安全性紧密相关。

量子世界里还有一个量子纠缠的状态，就更加奇怪了。这种状态在物理上有什么表现？举个例子，假定我跟丁洪教授手中都有很多处于纠缠的粒子，我们做实验，每一个光子每一次只能做一次实验，做完了就没了。就像掷骰子一样，六分之一的概率会得到 6 和 1 之间的某一个数，我会重复很多次实验，重复之后我发现每一次结果都是随机的。做完实验之后我给丁洪打电话，我说你第一次实验结果是什么？他说是 6，我的也是 6，第二次他是 2 的话我的也会是 2，不管这两个粒子相距多么遥远，我对一个粒子做测量，它到达一个状态，另外一个粒子瞬间就会到相应的状态，这是精确的关联。爱因斯坦把这样的现象叫做遥远地点之间的诡异互动，他认为相对论不能允许这个事情发生。他做了进一步分析：如果这两个粒子相距非常遥远，但是它处于纠缠态，在宇宙中传递能量最快的速度是光速 c，对粒子 A 所产生的任何影响还没来得及传播并影响粒子 B，对一个粒子的测量不会对另外一个粒子的结果产生影响。但是量子纠缠告诉我们，对于量子来说，一个粒子的测量会瞬间改变另外一个粒子的状态。相对论和量子力学本身是没有矛盾的，只是从表观的分析好像有矛盾，量子力学是非定域论,相对论是定域论。

因为量子力学允许遥远地点之间诡异的互动,1935 年爱因斯坦写了一篇文章《量子力学是完备的吗？》,随后玻尔写了一篇文章,认为这跟相对论真正能量的传播没有关系,这个过程中没有能量的传递,没有信息的传递,所以是没有矛盾的。大家吵来吵去,也没办法检验。一直到 1964 年,一名叫贝尔的量子物理学家提出了一个"贝尔不等式",可以对量子非定域性进行实验上的检验了。此后国际上多个研究组进行了实验验证,证实了量子非定域性是正确的,当然这些实验都还存在一些漏洞,都还没有实现对量子非定域性的"终极检验"。

刚才我讲到,大家知道 19 世纪初的两个发现,相对论和量子力学,构成了我们物理学的两大支柱。这里我可以引用一句话,"20 世纪,在研究和应用量子力学、相对论的过程中所催生的信息科学,为人类带来了物质文明的巨大进步。"这只是一个结论,很多人不知道它是怎么诞生的,我们回顾一下它诞生的历史是有意义的。相对论和量子力学的一个重大应用就是核武器和核能。在研制第一颗原子弹的时候,由于大量计算的需求,冯·诺依曼在图灵机的基础上设计了现代计算机的架构,从而导致了现代意义上的电子计算机的出现。我们更希望把相对论和量子力学综合起来,可以构建一个统一的模型,大统一理论,通过对粒子物理的探索研究宇宙的起源,可以了解我们从哪里来、要到哪里去。为了做到这一点,人们构建了大型的加速器（比如 CERN）,这些大型加速器每天都产生大量数据,而科学家们又分布在世界各地,为了解决传输数据的需求,万维网的雏形就诞生了。此外,为了对广义相对论进行检验,人们发明了可以精确计时的原子钟,这又为实现高精度的卫星定位奠定了基础。

随着现代技术进一步发展,信息技术的发展已经面临一些新的问题。人类对计算能力的欲望,可以用"贪得无厌"形容,希望计算能力越来越强。摩尔定律告诉我们，在单位面积集成电路上可容纳的半导体晶体管数目约每隔 18 个月会增加一倍。2011 年已经到 22 纳米，现在的进展速度已经慢慢偏离摩尔定律，估计会在不到十年的时间里达到纳米的量级。如果尺寸继续变小，量子效应逐渐成为主导，电子的运动将不再遵守经典物理学的规律，晶体管将不再可靠。未来的计算机将如何发展？一种途径是把计算机越做越大，比如天河二号这样的超级计算机。但是天河二号的能耗是巨大的，每年耗电的花费是几千万元人民币的量级，再发展这样的巨型机，未来是不可持续的。

　　与此同时，还有一个在我看来更加严重的问题，就是信息安全的瓶颈。大家都知道国外生产的某些芯片会预置后门，主动发布信息对终端进行窃听。中国台湾生产的一些 USB 插件，你一插，木马就感染你的计算机了。另外，我们有大量的服务器在美国，可以通过服务器的监控，对你的电子邮件进行控制。为了解决这个问题，我干脆建一个专网，安全可控的人才可以在这个网络里，不让别人进来。但光纤本身也是不安全的，可以对微漏光进行无感窃听。权宜之计，可以把所有的信息全部加密，进一步提高复杂度。但是随着计算能力的飞速发展，经典的加密方法不断受到被破解的威胁。比如我们广泛使用的 RSA 公钥密码，512 位的 RSA 早在 1999 年就被破解了，更为复杂的 RSA 768 位在 2009 年也被破解了。现在 RSA 1024 位虽然没有公开报道被破解，但是美国国家安全局建议国防部门、机要部门都不要用了，而且普遍认为在 2019 年左右也会被破解。于是大家在不停研制下一代标准密码，比如非常有名的"配对密码"，花了很大的精力还没投入使用，忽然发现在 2012 年又被破解了，这样信息安全的问题是无处不在的。美国战略和国际研究中心的报告指出，网络犯罪每年给全球带来高达 4450 亿美元的经济损失，这是我们目前面临的比较严重的问题。

　　有趣的是，量子力学对传统的、我们每天在用的信息技术已经做出了巨大的贡献，对于经典信息技术所面临的重大瓶颈问题，其实量子力学百年来的发展也已经为解决这些问题做好了准备。有一些科学家专门研究量子力学的基础问题，比如前面讲到的量子非定域性的实验检验，慢慢地发展量子调控的技术，有了这个技术之后我们已经可以很好地解决通信的安全问题，也可以很好地解决计算能力飞跃的问题，甚至能够在某些地方达成超越经典极限的精密测量，以各种方式突破信息和物质科学技术的经典极限。

第一个应用，我可以用量子手段实现量子密钥分发。为了实现安全的通信，比如两个人可以先想办法建立一组共享的密钥，这一组密钥没有被别人窃听过，有了密钥之后再对要发送的信息进行加密，原理上可以实现无条件安全的通信方式。怎么做到这一点？这里用光子的偏振态代表 0 和 1，竖的代表 0，水平代表 1，这可以用来加载 0 和 1 的信息，还有正负 45°的，代表 0+1 和 0-1。如果中间有窃听者进行窃听，窃听过程中只能有两种方法，第一种，把单光子给截取下来，但它是不再可分的，截取下来你就收不到了，收不到信号就自然没有密钥；第二种，窃听者可以对我的状态做一个测量，如果只是 0 和 1，窃听者测量完了也是 0 和 1，但如果是 45°状态的存在，它测量完了之后不可避免地会对我的状态发生干扰，这样一来我通过对干扰所带来误码率的分析可以把窃听者找出来。

当然这里有一个现实的问题，因为即使没有窃听者的存在，在光纤传送的时候，也可能受到环境的干扰，会对信号有误码。但非常有意思的是，量子密钥分发本身是可以容错的，在数学上可以证明，只要误码率不超过某个界限，就可以通过所谓"密钥提纯"的方法，把窃听者的信息全过滤掉。这样一来，第一不可分割，不可能把信号分成一模一样的两份；第二也不能对我进行克隆，测量对光子的状态就有影响。有这两个原理的保证，存在窃听必然被发现。窃听的次数如果不是太多，可以通过数学方法只让没有被窃听的密码留下来，在数学上已经被严格证明了。

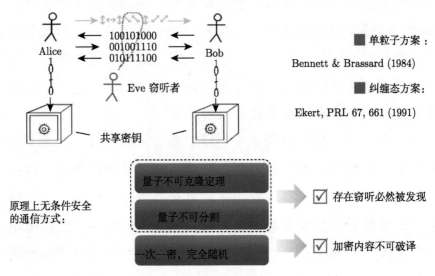

量子通信：量子密钥分发

现在的问题是怎样保证加密内容的安全性。传统的方法，比如我和丁洪教授之间需要建立通信通道，我们之间会先有一个密码本，把信息全写下来，我在上海，他在北京，但是密码本不可能总放在身边，如果中间别人拿了拍照，我们的密码可以完全被别人知道，没办法保证密钥分发的安全性。但是如果用量子的手段，只是使用的时候才开展密钥分发，密钥分发完了马上检验是不是安全，如果安全马上进行信息的传输，传输完了把密码销毁，这样的过程我可以保证在密钥分发安全性的情况下的通信安全。这样的一个过程，直到2009年的时候才被严格证明，这个证明基于物理学原理，即所谓的因果律成立。什么叫因果律成立？意味着你没办法进行超光速的通信，时光不会倒流，只要这个因果律成立，量子密钥分发安全就可以得到严格的证明。

　　利用量子的手段我们可以保证量子密钥分发的安全，密钥分发安全之后可以把经典信息非常安全地从一个地方传到另外一个地方。实际上量子通信还有更好的功能，这里我可以举一个例子：我从上海带一个礼物放在一个密码箱里，但是我忘了把钥匙带过来，没有带钥匙锁就打不开。如果我的钥匙是传统的钥匙，就可以给上海的同事打一个电话，把我的钥匙测量一下，然后发信息给我，我可以找一个锁匠配一把钥匙把这个锁打开。刚才讲到，我们微观系统里，除了有经典的可以被测量的信息，还包含 0 和 1 叠加的信息，你测一下这个状态发生了改变，不用说一个非常复杂的钥匙，哪怕对单个粒子未知的状态也测不准，测完了它就发生了变化。如果我的密码箱对信息要求更全面，不仅要求本质上原子排列的顺序，也要求原子的状态，这时候我就需要让别人把钥匙从上海送过来。但是量子状态在送的过程中会很容易受到环境的干扰，万一中间被别人看一下状态又发生变化，也就是说我的密码箱永远打不开了。

　　怎么解决这个问题？利用量子纠缠态的概念，我们可以不用把钥匙送过来，而把钥匙的状态以某种方法转到北京粒子的状态。怎么做？我先考虑最简单的情形，只考虑一个粒子的状态，这个状态我不知道，也不能测量。我让上海和北京另外两个粒子本身属于纠缠态，纠缠就是我刚才讲的00+11等，前面讲了四个状态，我只要某一个状态就可以了。这样总共三个粒子，这三个粒子的状态我在数学上可以重新表述一下，把粒子1和2变成四个纠缠态里的某一个，你会发现粒子3的状态跟粒子1原先的状态一模一样。如果我对粒子1和2做一个测量，看看到底它处于哪个纠缠态，我在上海测完了之后告诉丁洪教授，我说你这个粒子的状态已经跟我上海原来的粒子状态一模一样，拿这个状态开那个箱子，一下就打开了。也就是说，在量子纠缠态的帮助下，我可以对这两个粒子进行测量，通过经典的通道告诉这边测量的结果，再做一个操作，可以把粒子1的状态传送到粒子3，其实这里我并没有真正复制，因为当我把粒子1和2变到纠缠态时，已经把粒子1的所携带的信息完全摧毁了。

　　也许这个看起来太复杂，我现在用更简单直观的例子来表述。比如我到上海开会，什么方法最快，现在看是飞行。但如果上海和北京之间有一大堆纠缠物质，有很多氢原子、水分子等，这些粒子都属于纠缠态。我现在把这一团纠缠物质，上海的物质和我身上的物质，做一个测量，测量之后会得到一组经典的数字，通过一个无线电台发射到北京，在北京我在这个装置里对它的物质做我刚才所说的操作，操作完了之后我可以用同样多的质量、同样多的物质把微观客体重构出来，这在某种意义上是相当于量子世界的筋斗云。我们可以把一个客体的信息，用纠缠的方式从一个地方传到另外一个遥远的地方，但是并没有把物质本身传过去，这个目前看来，至少在微观体系里，很多由粒子组成的状态都可以这么做。量子力学不仅允许量子叠加，也允许这样类似筋斗云的东西的发现，我觉得这将来可能会成为我们的一种旅行方式，完全有可能，就是光速飞行。

当然，要把这个真正变成现实我们需要很多年的努力，目前暂时还是不行的，因为把人体送过去太复杂，那里面含的粒子数目太多。我们在经典世界里，1 比特只能处于 0 和 1 这两个状态里的某一个，量子世界可以是 0+1，如果 2 比特，在经典系统里只能处于四个状态里的某一个。在量子世界，你能保证与周围的世界隔绝，不去干扰它，它可以处于四个状态的相干叠加。随着粒子数越来越多，达到 100 个，那与经典计算的不同就大大地体现出来了，2^{100} 状态相干叠加都可以同时存在。如果利用这样一种体系做测算，可以构造特殊量子计算机和量子模拟机。

举个例子，利用万亿次经典计算机分解 300 位的大数，大概需 15 万年。利用万亿次量子计算机，只需 1 秒，计算能力大大提高，尤其是目前可以用于大数据和人工智能。如果量子计算机造出来，可以解决大规模的难题，比如对密码分析可以起到很好的作用。而在近期很直接的应用包括用于高温超导、量子霍尔效应、人工固氮的研究，揭示新能源、新材料的机制，这些都是目前看比较有希望的应用。

除此之外，在量子精密测量上也会有非常重要的意义。利用量子叠加的概念，我们可以构造一种原子干涉仪，利用原子干涉仪可以测我的加速度，用来做加速度计。目前做得最好的是斯坦福大学的一个小组，（测量精度）大概能达到 $6.7×10^{-12}g$ 的加速度。这是什么概念？目前我们最好的经典加速度计，航行 100 天之后的误差就达到几百千米了，所以潜艇出海之后，要定期浮上来接受一下天上卫星的修正，这样潜艇的轨迹很可能就暴露了，但如果不进行纠正，会撞到海沟，很多事故都会发生。如果对加速度的测量精度达到 $5×10^{-9}g$，则航行 100 天后的位置测量误差小于 1 千米！这样不需借助卫星导航，可以达到长期潜伏的目的。

总体来讲,量子信息科学本身的科学意义已经得到广泛的认可了。哈佛大学 Roy J. Glauber 教授,因为在量子光学理论的贡献,为量子通信、量子计算和精密测量奠定了基础,得到了 2005 年诺贝尔物理学奖。2013 年有两位科学家 Peter Zoller 和 Ignacio Cirac,因为在量子计算方面的研究获得了沃尔夫物理学奖。Serge Haroche 和 David Wineland 因为量子计算和精密测量方面的贡献,被授予 2012 年诺贝尔物理学奖。

目前国际上量子信息技术主要有两方面的应用。第一是量子通信,我们可以用光纤到户构建城域的量子通信网络。城市之间因为量子信号不能放大,超过 100 千米信号基本上消灭得差不多了,所以它跟我们经典通信不一样,这时候需要发展所谓量子中继的概念,利用量子中继可以实现城际量子网络。最近我们也在发展所谓量子卫星,通过卫星中转实现远距离量子通信,因为在光纤里每 100 千米光的 90% 信号会衰减，只有 10% 的信号到达终端。但是在高层空间，哪怕经过 1000 千米，因为大气的损耗很少，80% 的光可以到达终端，在飞行器的帮助下，我们可以实现洲际量子密钥分发。

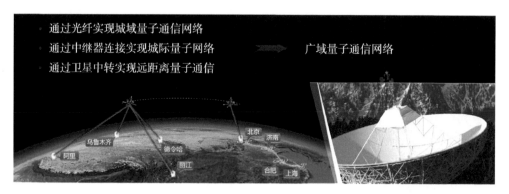

量子通信的发展路线

第二是量子计算、量子模拟和精密测量方面，我们目前还不知道哪个体系能形成最后通用意义上的量子计算机。不管怎么说，我们首先要研究的内容是实现高精度、高效率量子态制备与相互作用控制，可以把很多粒子纠缠起来，纠缠起来的意思是叠加态的粒子越来越多。与此同时，让这个系统与环境隔离起来，让别人没办法看它才能进行计算，具有更长的量子相干保持时间。目前我们对各种系统做相关的研究，之后可以提高量子计算可扩展性，实现量子计算基本功能。同时可以通过量子模拟机探索凝聚态物理机制，也可以实现超高精度的精密测量。

前面原理讲起来非常简单，但在实验上做起来非常困难。我刚才讲到，我的激光笔点一下大概有 10^{18} 个光子飞出来了，这么多光子飞出来，要是每一个光子都检测出来，给它加载上信号又送走，最后又能接收到，又能读出来，这个非常困难。

1984 年量子密钥分发这个想法提出来之后，前 20 年都在解决这个问题，即怎么把单光子制备出来。一直到 2005 年的时候，这方面的问题得到基本的解决。2008 年在合肥建立了一个非常小的全通型城域量子通信网络，可以接打电话。2012 年我们已经扩展到了整个合肥城域范围，大概 6000 平方千米都可以覆盖起来，可以满足上万用户的需求。城域网的系统目前已经在国家有关部门投入使用，技术比较成熟了。

第四代终端 (2012年设计)：
集成化、小型化、工程化、多功能化

☑ 支持多业务接入（语音、传真、文件传输、文本）
☑ 外观尺寸：4U19英寸标准机箱
☑ 无维护运行时间大于720小时

与Princeton Lightwave等国际主流产品相比，集成度明显占优，其他性能指标略优或相当

量子通信终端产品

我们第一代终端、第二代终端、第三代终端和 2014 年设计的第四代终端，目前已经完成了集成化、小型化、工程化和多功能化。与 Princeton Lightwave 等国际主流产品相比，国内产品集成度明显占优，其他性能指标略优或相当，现在可以支持多业务的接入，比如语音、传真、文件传输文本，但是这个系统只能满足城域网的需要，要是走到外边的城市就不行了，只能覆盖几千平方千米。目前城域网里要用，也需要一些局域网的用户密钥不落地的实时的互联互通，需要有量子交换机，也需要有量子集控站，实现局域网间用户的管理，扩展网络范围，这些技术都是比较成熟的。

另外，量子隐形传态也是比较好的概念。从 1997 年开始我们在这方面做了大量的工作。1997 年我们首次实现单个量子比特的隐形传态。2004年我们实现终端开放，你可以选择到底送到上海还是送到合肥，还是送到广州，这是终端开放的。后来我们实现了能够传输多个粒子的状态，两个粒子、三个粒子……现在一个粒子有多种自由度，除了有能量之外也有极化等，2015年我们完成了多种自由度的传输。

量子隐形传态实验进展

☑ 首次实现

Bouwmeester and Pan *et al.*, Nature 390 (1997)

☑ 终端开放的量子隐形传态

Zhao *et al.*, Nature 430, 55 (2004)

接收方可以是多个，按照需要将量子态传送到某一个

☑ 复合系统的量子隐形传态

Zhang *et al.*, NaturePhysics2, 678 (2006)

传送多个粒子的状态，包括它们之间的量子关联

☑ 单光子多自由度的量子隐形传态

Wang *et al.*, Nature 418, 416 (2015)

传送粒子的多种状态

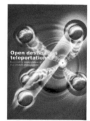

到了广域网怎么办？我们需要用量子中继或者可信中继。在国家发展和改革委员会的支持下，建设"京沪干线"大尺度光纤量子通信骨干网工程，建设连接北京、上海，贯穿济南、合肥等地的千千米级高可信、可扩展、军民融合的广域光纤量子通信网络，建成大尺度量子通信技术验证、应用研究和应用示范平台。我们中国科学技术大学是建设主体，中国工商银行可能作为我们第一步主要的用户，它在北京有数据中心，在上海也有数据中心，以后所有数据的传输会用到相关的技术。从北京、济南、合肥、上海，我们总共有32座中继站和31段光纤量子通信线路，光纤长度约2000千米。这项工程用于网上银行数据远程灾备应用示范、金融机构信息数据采集应用示范、金融信息交易应用示范、舆情系统应用、银行业同

城数据灾备和生产系统应用示范等。

另外，在中国科学院的量子科学实验卫星先导专项支持下，我们也在研制一颗"量子科学实验卫星"，这颗卫星有几个任务。第一，实现高速星地量子密钥分发（千千米距离量级约 10kbit/s），通过密钥放大算法，高安全的加密带宽可以达到 10Gbit/s 左右。第二，这个链路打通以后，可以实现千千米量级的量子纠缠分发。我刚才讲到 20 世纪 70 年代、80 年代、90 年代所有的实验，并没有真正实现类空间隔量子力学的检验，到底有没有这样一种遥远地点诡异的互动，还没有得到最后的证实。目前这个装置希望对这个答案给出肯定的结论，我们有两个天文站，最后卫星发射之后达到 1200 千米的纠缠，看看这样的互动能不能存在。第三，也将实现地面和卫星之间的量子隐形传态，把这一距离扩展到几百千米。

总体上来讲，我们经过将近十年的努力，随着"京沪干线"的建成和量子通信卫星的发射，这方面可以领先于欧洲和北美。

利用在量子隐形传态中发展的多光子干涉技术，我们在 2007 年、2012 年，实现五个光子、六个光子和八个光子的纠缠，有了多光子的纠缠，可以在量子计算方面做一些很简单实验的演示。比如我们做了一个 Grover 算法，这个在大数据搜索里非常有用，比如北京有 100 万个电话，如果先知道机主的名字，因为是按照姓氏笔画区分的，我马上可以找到你的电话号码，因为你的数据已经排列好了，单次搜索可以找到。如果我给你一个电话号码，你要找到电话号码的主人，平均有 100 万个电话号码，你找 50 万次才能找到，但是利用 Grover 算法对 100 万开根号就可以，也就是 1000 次就可以找到。两年前，我们又做了快速求解线性方程组的量子算法。求解线性方程组可以广泛用于几乎每一个科学和应用领域。这里我提一个我们最近做的实验，在人工智能和机器学习方面，可以广泛用于金融分析、目标识别、智能机器人、计算生物学等领域，例如，邮件自动过滤：用户收了邮件，好的邮件放在收件箱，不好的邮件放在垃圾箱，经过一段学习，计算机可以比较新的邮件与用户过往经验的相似程度来区分邮件的好坏，这个过程本身都是跟我们人工智能相关。这个过程用数学来描述的话就是，过往的经验（矢量）按照一定规则已进行分类，每一个分类我可以定义一个特征矢量。现在又得到一个新的数据，通过计算新的数据与两个特征矢量之间的距离，我可以看它相似的程度，来判定这到底是一个好的数据还是一个坏的数据。这个实验是 2015 年做的原理性的实验，当然这也是非常简单的。因为前面的努力，我们在量子计算机领域已经占有一席之地，只是在单方向上，因为可能实现量子计算机的系统太多了，我们只能在光量子方面有优势，像超导、二维电子气等，我们在国际上目前还是处于追踪的阶段。

在量子通信方面，除了我们国家要发射量子卫星，美国国家航空航天局（NASA）也早就规划了千千米光纤量子通信干线，并计划扩展到星地链路。相关国家也有类似计划实现空间量子通信。美国有一个比较大的商用研发公司——Battelle 商用量子通信网络，目前已经开工的有哥伦布市至华盛顿地区的长达 650 千米的量子通信网络，他们在这个基础上进一步计划建立连接 Google、IBM、微软等公司的数据中心，建设总长超过 10000 千米的环美国量子通信网络。除此之外，一些公司已经开展了相关的工作，比如传统的高技术公司，也有相关的专业公司，已经有量子密码相关的产品及服务，这方面目前也已经慢慢到了新的产业化的阶段。

在量子计算方面，比如美国国防高级研究计划局（DARPA）、美国空军、美国国家安全局、高级情报研究计划署，他们每年投入强度是比较大的。在欧盟，像英国也有相关量子技术专项，做相关的研究。另外也有大学和公司的合作，Google 和美国国家航空航天局（NASA）跟加州大学圣塔芭芭拉分校（UCSB）合作；微软也跟代尔夫特大学、玻尔研究所和哈佛大学成立了一个量子设计与量子计算研究中心，在算法和体系实现上也开始了相关研究工作。

从国际上讲，大概有一个五年的目标和十年的目标，在五年内要通过卫星的发射，城域网的技术和中继技术的发展，解决大城域量子通信和基于中继的城际量子通信问题，达到实用化要求；解决地面关键技术，并初步开展星地量子实验。我估计通过十年的努力，应该可以实现高速率的实用化星地量子通信，构建广域量子通信网络。

目前有一些学者又提出一些新的建议，认为从基础研究出发，慢慢可以有一些实用化的技术出来，又可以促进基础研究的发展。比如，我们通常都认为时空是连续的，时间是在连续流逝，空间也是连续的。

为了把广义相对论和量子论综合在一起，可以引入量子引力论。按照霍金量子引力的模型，可以认为时空本身是离散的，是不连续的。前一段时间有理论研究已经表明了，用这样一种光在大范围里传输的情况下，如果空间是离散的，时间是离散的，会对极化状态有一个小的扰动，通过测量扰动的量，可以对量子引力某些模型进行基本检验，这也是我们准备开展进行探索的相关工作。

总体上来讲，我刚才讲了很多，只是在密钥分发之后保证信息传输的安全，其实我们互联网里还有一个更重要的问题：尽管信息传输是安全的，但怎么保证终端是安全的？目前量子密钥分发理论研究表明，可以有安全的身份认证，防止黑客的攻击。在这种情况下，我们希望通过这方面的进一步研究，有了基础设施之后，能够在量子通信安全保障的情况下构建一个安全程度更高的所谓的未来互联网。

量子计算现在当然没有像量子通信这么实用，量子通信只涉及单个粒子操纵，量子计算至少需要涉及几十个粒子的操纵，对此我们大概有五年的目标，希望实现 20 个左右量子比特的纠缠。一旦我们达到 25 个粒子的纠缠，在计算玻色子采样（Boson sampling）这样的特定问题上，量子计算机的计算能力就达到我们目前手提电脑里最好的商用 CPU 的水平，希望五年左右达到这个目标。经过十年大概能达到 50 个量子比特的相干操纵。目前最快的经典超级计算机，在玻色子采样上的计算能力相当于 45 个量子比特，达到 50 个量子比特就会比经典超级计算机的速度快得多。而在十五年的时间内达到 100 到 200 个的可能性很大，当你达到 100 个比特时可能相当于 1 亿台经典超级计算机。这个发展也是非常快的，但是我们不知道哪个系统最后能够真的有用。按照我目前了解的 Google 的进展，他们可能会比我们国内还快一点，我们可能需要做进一步的努力。Google 有可能在五年内能达到大概 50 个比特。为什么 Google 五年能做到 30 到 50 个，我们目前只能做 20 个？这是我们目前遇到的体制架构性的困难,尽管目前的基础研究我们已经领先了，但是可能在实用化方面又会被别人超越。

通用的量子计算机造出来估计需要很长时间，我刚才讲到了，如果达到 50 到 100 个粒子，我们可以引入可控的相互作用，通过一种量子模拟机，可以揭示高温超导和高效氮固化等的机制。如果相关产业发展起来，按照 2014 年 *Nature* 上一篇文章的预测，大概每年有数百亿美元的直接经济效益。实现规模化的通用量子计算机需要比较长的时间，但是量子精密测量技术服务于国防安全，包括导航和潜艇精确制导，五到十年完全有可能。

最后作为我报告的总结，量子力学从 1895 年开始已经为我们的信息技术、生命科学、能源、材料等都做出了巨大的贡献。随着对量子信息技术的研究，我愿意引用一下约翰·惠勒在去世之前出的一本书里写的一段话："过去 100 年间量子力学给人类带来了如此之多的

重要发现和应用,有理由相信在未来的 100 年间它还会给我们带来更
多激动人心的惊喜。"

潘建伟

理解未来第 6 期

2015 年 4 月 25 日

后　记 >>>

2015 年 1 月 20 日，未来论坛创立。

此时的中国，已实现数十年经济高速发展，资本与产业的力量充分彰显，作为人类社会发展最重要驱动力的科学则退居一隅，为多数人所淡忘。

每个时代都有一些人，目光长远，为未来寻找答案。中国亟须"推崇科学精神，倡导科学方法，变革科学教育，推动产学研融合"，几十位科学家、教育家、企业家为这个共识走在一处。"先行其言而后从之"，在筹建未来论坛科学公益平台的过程中，这些做过大事的人先从一件小事做起，打开了科学认知的入口，这就是"理解未来"科普公益讲座。

最初的"理解未来"讲座，规模不过百余人，场地很多时候靠的是"免费支持"，主讲人更是"公益奉献"。即便如此，一位位享誉世界的科学家仍是欣然登上讲台，向热爱科学的人们无私分享着他们珍贵的科学洞见与发现。

我们感激"理解未来"讲台上每一位"布道者"的奉献，每月举办一期，至今已有四十二期，主题覆盖物理、数学、生命科学、人工智能等多个学科领域，场场带给听众们精彩纷呈的高水准科普讲座。三年来，线上线下累积了数千万粉丝，从懵懂的孩童到青少年学生，从科学工作者到科技爱好者，现在每期"理解未来"讲座，现场听众400 多人，线上参与者均在 40 万人以上。2017 年 10 月举行的 2017

未来科学大奖颁奖典礼暨未来论坛年会，迎来了逾 2500 名观众，其中近半是"理解未来"的忠实粉丝，每每看到如此多的中国人对科学饱含热情，就看到了中国的未来和希望。如果说未来论坛的创立初心是千里的遥程，"理解未来"讲座便是坚实的跬步。

今天，未来论坛将"理解未来"三年共三十六期的讲座内容结集出版，即如积小流而成的"智识"江海。无论捧起这套丛书的读者是否听过"理解未来"讲座，我们都愿您获得新的启迪与认识，感受到科学的理性之光。

最后，我要感谢政府、各界媒体以及一路支持未来论坛科学公益事业的企业、机构和社会各界人士，感谢未来科学大奖科学委员会委员、未来科学大奖捐赠人，未来论坛理事、机构理事、青年理事、青创联盟成员，以及所有参与到未来论坛活动中的科学家、企业家和我们的忠实粉丝们。

未来论坛发起人兼秘书长

武 红

2018 年 7 月